地球
システム
の
データ解析

萩原幸男／糸田千鶴　著

朝倉書店

まえがき

　日本大学文理学部地球システム科学科は，私立大学では唯一の地学専攻の学科である．私が赴任する以前には，カリキュラムは地質学が中心であり，わずかに「基礎数学」と「数理地学」の2課目が学生にとって数理解析法に触れる機会であった．しかし基礎数学は数学科の先生による整数論のような内容であったし，一方の数理地学では非常勤の大先生が複素平面の積分を講義していた．いずれも地学データの数理解析には役立ちそうもない内容であった．

　これではいけないと，赴任直後の私は地学データの数理解析に適する教育体系を構築しようと考えた．当時研究室の助手は本書の共著者である糸田さんで，堆積残留磁気の専門家であると同時に，データ解析のためのプログラミングを多数こなしてきた経験者であった．早速相談をして，数理解析に適するカリキュラム改訂に乗り出した．それ以来数年間，学生の卒業論文をチェックして，どのような数理解析の方法が役立つかを検討してきた．本書の内容の一部はその検討の成果である．

　数理解析法とともにもう一つの重要なポイントは，モデル設定法である．従来の地質学中心の教育は一般性や普遍性を追求する姿勢が乏しかったような気がする．局所的・部分的な観察・測定を重視するあまり，総合化・モデル化といったものを「邪道」として退ける風潮があったようにも思う．「足でかせぐ」観察や測定は地球科学の基本的姿勢であることには反対しない．しかし局所的・部分的なデータを総合化・モデル化して地球像を作り上げる努力なしには，地球システム科学は構築されない．

　その後，地球システム科学科はカリキュラムを大幅に改訂して，気象学やリモートセンシングの専任教授を迎えるに至った．同時に基礎数学と数理地学に加えて「地球システム科学要論」が登場し，モデル設定法も講義できるようになった．こうして「地球システムのデータ解析」の一応の体系は整った．共著者の糸田さんが大阪短期大学経営情報学科の助教授に栄転したのを機に，私はこの体系を教科書にまとめることを思いついた．幸いにも朝倉書店のご協力を得て刊行が実現

する運びとなったのである．

　地学教育の問題はひとり日本大学に限らない．地質学科と地球物理学科を統合した大学では，多かれ少なかれ同様な問題を抱えている．地質学志向の学生は地球物理学の数学・物理学重点主義にはなじめないし，地球物理学志向の学生は「〇〇地方における……」のようなローカルな地質学には興味を示さない．しかし統合後何年か経つにつれて次第に両者の壁は消えるであろうと予想されるし，事実その方向が見え始めているともいわれている．

　本書の目的は，地質学志向の学生を地球物理学的手法へ一歩近寄らせることにある．そのためなるべく多くの事例を登場させて，理論や数式の導出よりは実用に重点をおいたつもりである．地学関係の学生諸君はもちろん，他の分野のデータ解析法やモデル設定法とも共通する内容であるので，初歩的な数理解析を必要とする分野の学生諸氏にも広く役立つものと考える．本書が広く活用されることを期待したい．

　　2001年5月

　　　　　　　　　　　　　　　　　　　　　　　　　　　萩　原　幸　男

目　　次

1. まずデータを整えよう ——————————————————————— *1*
   1.1 微分から差分へ　*1*
   (1) 1階微分と1階差分　*2*
   (2) 2階微分と2階差分　*4*
   (3) 3階と4階の微分と差分　*5*
   1.2 虫を退治する　*6*
   1.3 虫食いデータを繕う　*7*
   (1) 差分方程式と境界条件　*8*
   (2) 反復法による補間　*9*
   (3) 補間法の限界　*10*
   1.4 データ間隔を一定にする　*11*
   (1) 反復法　*11*
   (2) ラグランジュの補間公式　*13*
   1.5 積分を数値計算する　*15*
   (1) 台形公式　*15*
   (2) シンプソンの公式　*16*

2. 入力から出力を知る ——————————————————————— *19*
   2.1 群発地震から地殻変動を予測する　*19*
   (1) 簡単なモデルをつくる　*20*
   (2) モデルの適合性を検証する　*22*
   (3) 入力から出力を予測する　*23*
   (4) 微分方程式に変換する　*23*
   2.2 伝達関数を求める　*24*
   (1) 線形システムとは　*24*
   (2) 伝達関数を導く　*26*

  (3) 降雪-積雪システムに挑む *26*
 2.3 指数モデルで予測する *28*
  (1) 再び降雪-積雪システムに挑む *29*
  (2) 降水量から地下水位を予測する *30*
 2.4 いずれが原因か結果か *31*
  (1) アジは地震を予知するか *32*
  (2) 海水温と海水準 *33*
  (3) 原因と結果の解析解 *34*
 2.5 地震時に建造物はどう揺れるか *35*
  (1) 地震動の方程式 *35*
  (2) 微分方程式の解 *35*
  (3) 地震応答スペクトル *36*

3. サイクルシステムを解く —— *41*
 3.1 システムを数理化する *41*
  (1) 放射性元素の自然崩壊システム *41*
  (2) 3要素システムをモデル化する *43*
 3.2 地球化学サイクルを解く *45*
  (1) Naサイクルをたどる *45*
  (2) 放射性元素の移動を追う *47*
 3.3 CO_2サイクルを考える *48*
  (1) 微分方程式化する *48*
  (2) 予測式をたてる *50*
  (3) CO_2排出をコントロールする *51*
 3.4 地震予知に挑む *52*
  (1) いろいろな確率モデル *52*
  (2) 事象はいつ起こるか *54*
  (3) 地震発生時を予測する *54*
  (4) 地震活動のサイクルとともに *56*

4. 相関関係を調べる —— *59*
 4.1 時間平均, アンサンブル平均とは *59*
 4.2 時系列の相関を求める *61*

(1) 相互相関関数と自己相関関数　*61*
　　(2) 相関行列　*63*
　　(3) 指数関数モデルの相関行列　*64*
　4.3　実例により相関を求める　*64*
　　(1) デンバー地震　*64*
　　(2) 「アジと地震」に再び挑む　*66*
　4.4　対応関係を調べる　*67*
　　(1) 地層の対応　*67*
　　(2) 地磁気データの対応　*69*
　4.5　相関関数で未来を予測する　*70*
　　(1) 予測の方程式　*70*
　　(2) 御前崎の沈降　*71*

5．周期分析をする ———————————— *74*

　5.1　フーリエ解析のいろいろ　*74*
　　(1) フーリエ級数　*74*
　　(2) 複素フーリエ係数　*76*
　　(3) DFT と IDFT　*78*
　5.2　フーリエ解析に挑む　*79*
　　(1) まずトレンドを除く　*79*
　　(2) 群発地震回数のスペクトル　*80*
　　(3) 湖の自由振動　*83*
　5.3　たたみ込みをする　*84*
　5.4　フーリエ積分法とは　*85*
　　(1) フーリエ積分の定義　*85*
　　(2) たたみ込み　*86*
　　(3) デルタ関数　*87*
　　(4) 重力異常と地下構造　*87*
　5.5　相関からスペクトルへ　*89*
　　(1) フーリエ級数とスペクトル　*89*
　　(2) DFT のスペクトル　*90*
　　(3) FT のスペクトル　*91*
　5.6　ホワイトノイズを分析する　*92*

(1) ホワイトノイズのスペクトル　*92*
　　　(2) 地磁気の逆転はでたらめか　*93*

6. フィルターあれこれ ——————————————————— *97*
　6.1　理想的なフィルターはない　*97*
　　　(1) フィルターとは　*97*
　　　(2) ギブスの現象　*99*
　6.2　ウィンドウを開く　*100*
　　　(1) ウィンドウは長方形から　*100*
　　　(2) ハニングとハミング　*101*
　　　(3) ディジタルウィンドウ　*103*
　　　(4) フィルターを適用する　*104*
　6.3　フィルターを高度化する　*105*
　　　(1) レカーシブフィルター　*105*
　　　(2) チェビシェフフィルター　*106*

7. 2次元データを処理する ——————————————————— *110*
　7.1　2次元に拡張する　*110*
　　　(1) 座標のとり方　*110*
　　　(2) 2次元データの虫取り　*111*
　　　(3) 欠測を補間する　*112*
　　　(4) 等高線を引く　*115*
　7.2　リニアメントを抽出する　*117*
　　　(1) 紙片法による　*117*
　　　(2) ハフ変換による　*119*
　7.3　フィルターをかける　*120*
　　　(1) 2次元ウィンドウを開く　*120*
　　　(2) 異常点を見出す　*122*
　7.4　周波数分析をする　*125*
　　　(1) フーリエ級数に展開する　*125*
　　　(2) フーリエ変換を導く　*125*
　　　(3) 重力と地下構造を例にとる　*126*
　　　(4) ディリクレの問題を解く　*127*

8. 時空間の変化を追う ───────────── 130
　8.1　現象の時間変化を追う　130
　　(1)　微分方程式をたてる　130
　　(2)　熱源をモデル化する　132
　　(3)　熱源モデルの適用性を検証する　133
　　(4)　昭和新山の成長を追う　134
　8.2　2次元空間に拡張する　136
　　(1)　微分方程式を導く　136
　　(2)　汚染域の拡大を追う　137
　8.3　フーリエ積分法を試みる　139
　　(1)　フーリエ積分で解く　139
　　(2)　2次元積分変換を導く　141
　　(3)　数値積分する　141
　8.4　モデルの限界を知る　142

付録：ラプラス変換 ─────────────── 145
あとがき ──────────────────── 149
索　　引 ──────────────────── 151

囲み記事

テーラー展開　17
最小2乗法とは　38
微分方程式(2.24)の多段解法　38
ワイブル解析　57
連立1次方程式を行列で表す　72
IFT積分が発散するとき　94
リサージュの図　94
ウォルシュ関数　128

1 まずデータを整えよう

　地球科学では，時間の経過とともに変動する物理・化学量を計測することが多い．一般に時間とともに変動するデータを，時系列データ(time series data)という．例えば地下水位や気温変化がそれである．ところが野外で連続観測を行っていると，雷などにより測定器に異常な誘導電流が流れて，データに飛びが生じることがある．データ処理に先立って，このような異常なデータを取り除く，つまり「虫取り(debugging)」をしなければならない．またときには落雷による停電などで，一時的にデータがとれないことがある．これを欠測(data missing)という．欠測期間が短ければ，何らかの方法によりデータを補間(interpolate)することができる．

　データの補間法は，時間について不等間隔なデータを等間隔なデータに作り換える方法でもある．よくあるケースとして，不等間隔データに数学的解析を施そうというとき，等間隔データに作り直す必要性が生じる．時間にかわって空間的な距離とともに変動するデータも，時系列データと同様な解析法を応用できる．

　本章では数値微分(numerical differentiation)と差分(difference)，さらには数値積分(numerical integration)とともに，「データの整え方」について解説する．

1.1 微分から差分へ

　時間を t，時系列データを t の関数 $f(t)$ により表す．t も $f(t)$ もともに連続量であるが，近年の計測法では，ある短い時間間隔(サンプリング間隔)Δt ごとに計測することが多い．この場合，$t=n\Delta t$ (n：整数) とおくことにより，$f(t)$ にかわって $f(n\Delta t)$ を計測する．本書では $f(n\Delta t)$ を単に $f(n)$ と記すことにする．$f(t)$ をアナログデータ(analog data)とよぶのに対して，$f(n)$ をディジタルデータ(digital data)とよぶ.

(1) 1階微分と1階差分

さてここで，$f(t)$の微分を$f(n)$の差分に近似する方法について述べる．まず$f(t)$のtに関する1階微分$df(t)/dt$（省略して$f'(t)$と書く）を考えよう．図1.1の曲線$f(t)$の上で相互に近接した2点をA, Bとする．このとき直線ABの勾配は

$$\frac{f(t+\Delta t)-f(t)}{\Delta t}$$

であることがわかる．

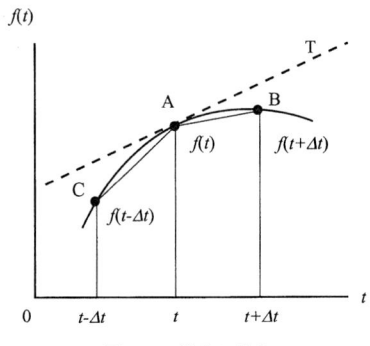

図 1.1 微分と差分

つぎに$\Delta t \to 0$の極限を考える．図ではこのときB→Aとなるため，直線ABの勾配はAにおける曲線$f(t)$の接線ATの勾配となる．接線ATの勾配は$f(t)$のtに関する微分に等しいから

$$f'(t)=\lim_{\Delta t \to 0}\frac{f(t+\Delta t)-f(t)}{\Delta t} \tag{1.1}$$

となる．同様に点AとCの間に微分を定義することもできる．直線ACについてC→Aの場合を想定すれば，(1.1)にかわって微分は

$$f'(t)=\lim_{\Delta t \to 0}\frac{f(t)-f(t-\Delta t)}{\Delta t} \tag{1.2}$$

と定義できる．

コンピュータで微分を計算するには，(1.1)や(1.2)はそのまま使用できない．そのときには，Δtは0ではないが，十分に小さい量として近似的に

1.1 微分から差分へ

$$f'(t) \approx \frac{f(t+\Delta t)-f(t)}{\Delta t} \\ f'(t) \approx \frac{f(t)-f(t-\Delta t)}{\Delta t} \right\} \quad (1.3)$$

によって数値的に計算する．これを数値微分という．

また(1.3)はディジタル形式で

$$f'(n) \approx \frac{f(n+1)-f(n)}{\Delta t} \\ f'(n) \approx \frac{f(n)-f(n-1)}{\Delta t} \right\} \quad (1.4)$$

と書き直すこともできる．このとき右辺の分子をとくに

$$\Delta f(n) = f(n+1)-f(n) \\ \Delta f(n) = f(n)-f(n-1) \right\} \quad (1.5)$$

とおいて，それぞれ前進差分(forward difference)および後退差分(backward difference)とよぶ．

(1.3)あるいは(1.4)の2式の平均をとって，微分式をつくることもできる．(1.4)の2式の平均をとれば

$$f'(n) \approx \frac{1}{2}\left\{\frac{f(n+1)-f(n)}{\Delta t}+\frac{f(n)-f(n-1)}{\Delta t}\right\} \\ = \frac{f(n+1)-f(n-1)}{2\Delta t} \quad (1.6)$$

となる．これに対応する差分

$$\Delta f(n) = \frac{f(n+1)-f(n-1)}{2} \quad (1.7)$$

を中心差分(central difference)とよぶ．なお n と $n+1$ との中間点 $n+1/2$ と，n と $n-1$ の中間点 $n-1/2$ を用いて

$$\Delta f(n) = f\left(n+\frac{1}{2}\right)-f\left(n-\frac{1}{2}\right) \quad (1.8)$$

を中間差分とするときもある．

つぎに時系列データの範囲を $n=0, 1, 2, \cdots, N-1$ に限定するとき，端点 $n=0$ および $n=N-1$ における数値微分の計算について言及する．両端点における1階微分は(1.4)を用いてそれぞれ

$$f'(0) \approx \frac{f(1)-f(0)}{\Delta t}$$

$$f'(N-1) \approx \frac{f(N-1)-f(N-2)}{\Delta t}$$

とすることができる．しかしより正確な数値微分が必要なときには，以下に述べる公式を用いる．

まず $f(t)$ を2次式

$$f(t)=a+bt+ct^2 \tag{1.9}$$

により近似する．$n=0$ の端点では $f'(0)=b$ であるので，$f(0)$, $f(1)$ および $f(2)$ により係数 b を求めればよい．その結果

$$f'(0)\approx\frac{-3f(0)+4f(1)-f(2)}{2\Delta t} \tag{1.10}$$

となる．他の端点でも同様にして

$$f'(N-1)\approx\frac{f(N-3)-4f(N-2)+3f(N-1)}{2\Delta t} \tag{1.10}'$$

を得る．このように，3点の値から導き出せる数値微分公式を「3点公式」とよぶ．

(2) 2階微分と2階差分

2階微分は1階微分をさらにもう一度微分したものである．$f(t)$ の t に関する2階微分 $d^2f(t)/dt^2$ を省略して $f''(t)$ と書くこととする．それは (1.4) の2式の差として与えられる．すなわち

$$\begin{aligned}f''(n)&\approx\frac{1}{\Delta t}\left\{\frac{f(n+1)-f(n)}{\Delta t}-\frac{f(n)-f(n-1)}{\Delta t}\right\}\\&=\frac{f(n-1)-2f(n)+f(n+1)}{(\Delta t)^2}\end{aligned} \tag{1.11}$$

である．これに対応する2階差分は

$$\Delta^2 f(n)=f(n-1)-2f(n)+f(n+1) \tag{1.12}$$

と記される．

なお，(1.11) を3点公式として導くこともできる．(1.9) から $f''(n)=2c$ となるので，連続した3点の値 $f(n-1)$, $f(n)$ および $f(n+1)$ を用いて係数 c を求めればよい．それは

$$2c=\frac{f(n-1)-2f(n)+f(n+1)}{(\Delta t)^2}$$

となって，結果として (1.11) が導き出せる．

ついでデータの端点 $n=0$ および $n=N-1$ における2階数値微分について言及したい．(1.11) において $n=0$ あるいは $n=N-1$ とおくと，存在しないはずの $f(-1)$ や $f(N)$ のようなダミーデータ (dummy data) が現れる．そのため，3次式を用いた「4点公式」を導入することで問題を解決する．結果だけ書くと

$$f''(0) \approx \frac{2f(0)-5f(1)+4f(2)-f(3)}{(\Delta t)^2}$$

$$f''(N-1) \approx \frac{-f(N-4)+4f(N-3)-5f(N-2)+2f(N-1)}{(\Delta t)^2}$$

(1.13)

となる.

(3) 3階と4階の微分と差分

1階および2階微分の省略した記号として，これまで $f'(t)$ および $f''(t)$ を用いてきた．しかし3階や4階ともなるとプライム記号を重ねるのも煩雑なので，かわりに $f^{(3)}(t)$ や $f^{(4)}(t)$ を用いる．一般に k 階微分は記号 $f^{(k)}(t)$ を用いる．

3階微分は2階微分の微分であるので，前進型の場合には(1.11)より

$$f^{(3)}(n) \approx \frac{f''(n+1)-f''(n)}{\Delta t}$$

$$\approx \frac{-f(n-1)+3f(n)-3f(n+1)+f(n+2)}{(\Delta t)^3} \quad (1.14)$$

となり，同様に後退型の場合は

$$f^{(3)}(n) \approx \frac{f''(n)-f''(n-1)}{\Delta t}$$

$$\approx \frac{-f(n-2)+3f(n-1)-3f(n)+f(n+1)}{(\Delta t)^3} \quad (1.14)'$$

となる．また中心差分に対応して

$$f^{(3)}(n) \approx \frac{f''(n+1)-f''(n-1)}{2\Delta t}$$

$$\approx \frac{-f(n-2)+2f(n-1)-2f(n+1)+f(n+2)}{2(\Delta t)^3} \quad (1.15)$$

が得られる．これら3式に対応する3階差分 $\Delta^3 f(n)$ の記述は省略する．

4階微分は2階微分の2階微分であるから，(1.11)を参照することにより

$$f^{(4)}(n) \approx \frac{f''(n-1)-2f''(n)+f''(n+1)}{(\Delta t)^2}$$

$$\approx \frac{f(n-2)-4f(n-1)+6f(n)-4f(n+1)+f(n+2)}{(\Delta t)^4} \quad (1.16)$$

となることがわかる．対応する4階差分 $\Delta^4 f(n)$ の記述は省略する．

以上，1階から4階までの差分式の各項の係数の配列をブロックダイアグラムの形にまとめたものが図1.2である.

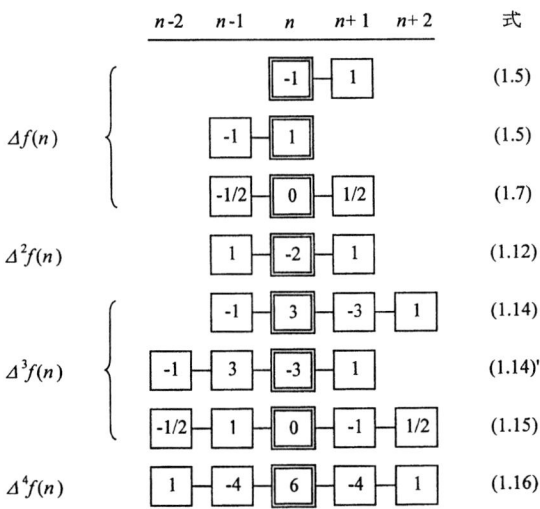

図 1.2　1 階から 4 階までの差分式各項の係数の配列を示すブロックダイアグラム

1.2　虫を退治する

いま N 個のデータ $f(n)$ $(n=0,1,2,\cdots,N-1)$ が与えられ，$n=\mu$ の位置に"虫がいる"とする．$f(\mu)$ の絶対値 $|f(\mu)|$ が前後の値に比較して際立って大きい場合には，$f(n)$ の図をにらんで，一目で虫を見出すことができる．人間の目は実に優れたコンピュータといえる．一般に目によって判断できないような虫は，種々の計算法を試みても抽出は困難なことが多い．しかし潔癖な性格で，コンピュータで判断しないと"虫がおさまらない"人がいる．そういう人のために，実例により虫退治の方法を紹介しよう．

図 1.3(a) は時系列データの一例である．一目で○印の位置に"虫がいる"と判断される．ところで，どのような計算法により虫を抽出したらよいであろうか．時系列を見ると，大きい波のうねり，すなわち長波長成分(long-wavelength component) の上に，比較的小さい振幅の短波長成分が重なっている．短波長成分の中でとくに振幅が大きい部分が虫に対応する．そのため虫を抽出するためには，長波長成分を除外して短波長成分のみを強調する演算をすればよい．その代表的な演算法に，2 次微分法(second derivative method) がある．

$f(t)$ の t に関する 2 階微分 (1.11) の右辺において $\Delta t=1$ とし，かつ右辺の符号

1.3 虫食いデータを繕う

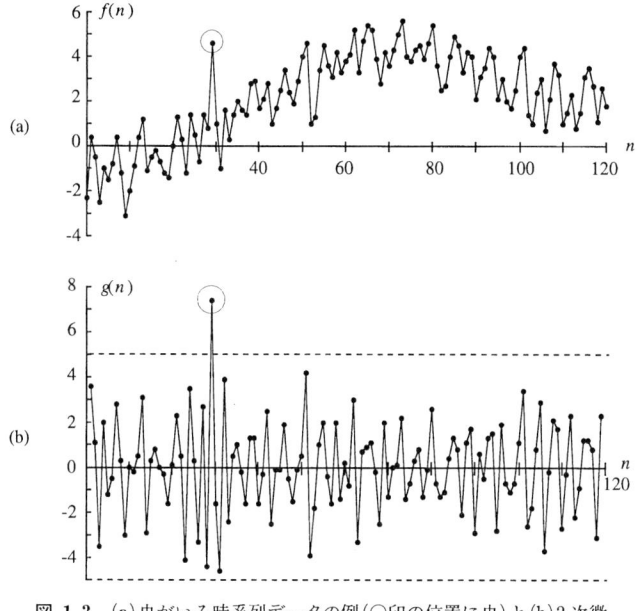

図 1.3 (a)虫がいる時系列データの例(○印の位置に虫)と(b)2次微分法による虫の抽出

をかえて

$$g(n) = 2f(n) - f(n-1) - f(n+1) \tag{1.17}$$

とおく．この計算を図1.3(a)の例に試みたのが(b)である．長波長成分が自動的に消えて，虫を含めて短波長成分が強調されている．

(b)には $g(n) = \pm 5.0$ の位置に点線が引かれている．これは虫か否かの判断基準のしきい値(threshold)にあたる．この例では，$|g(n)| \geqq 5.0$ の範囲にある時系列のピークを"虫"と判定する．膨大なデータの中に虫が潜んでいるとき，この方法は効果的な虫取り法である．

なお(1.17)から明らかなように，$g(n)$ の範囲には両端点 $n=0$ と $N-1$ が含まれないことに注意を要する．

1.3 虫食いデータを繕う

データから虫を除去したとしても，その跡に虫食い穴が残る．短時間の欠測も連続した一種の虫食い穴と考えてよい．このような穴を繕わないと，データ解析に不都合なことはいわずと知れている．ここでは，繕い方として3次曲線による

方法を紹介する．

(1) **差分方程式と境界条件**

t に関する 3 次曲線
$$f(t) = a + bt + ct^2 + dt^3$$
はまた微分方程式(differential equation)
$$f^{(4)}(t) = 0 \tag{1.18}$$
の解である．つまり 3 次曲線で補間することは，4 階微分方程式を用いて補間することになる．

4 階微分方程式の一般解は 4 個の積分定数(integral constant)を含んでいる．3 次式の係数 a, b, c, d がこれに相当する．4 個の積分定数を決めるためには，4 個の境界条件(boundary condition)がなくてはならない．ここではデータの両端点において，それぞれ 2 個の境界条件
$$f''(t) = 0, \quad f^{(3)}(t) = 0 \tag{1.19}$$
が成立するものとする．

さてここで，これらの式をディジタル形式，すなわち差分方程式(difference equation)に書き換える．(1.18)のディジタル形式は(1.16)から
$$f(n-2) - 4f(n-1) + 6f(n) - 4f(n+1) + f(n+2) = 0 \tag{1.20}$$
となり，また(1.19)の 2 式は端点 $n=0$ において，それぞれつぎのように書き換えられる．
$$\left. \begin{array}{l} f(-1) - 2f(0) + f(1) = 0 \\ f(-2) - 2f(-1) + f(0) - \{f(0) - 2f(1) + f(2)\} = 0 \end{array} \right\}$$
これらの式には原データに含まれないダミーデータ $f(-2)$ と $f(-1)$ が含まれている．ダミーデータはこれらの式より
$$\left. \begin{array}{l} f(-1) = 2f(0) - f(1) \\ f(-2) = 4f(0) - 4f(1) + f(2) \end{array} \right\} \tag{1.21}$$
と求められる．

同様に他の端点 $n=N-1$ においてもダミーデータは
$$\left. \begin{array}{l} f(N) = 2f(N-1) - f(N-2) \\ f(N+1) = f(N-3) - 4f(N-2) + 4f(N-1) \end{array} \right\} \tag{1.22}$$
と求められる．

(1.20)において，$n=0, 1$ および $n=N-2, N-1$ の場合の式を書いてみると

1.3 虫食いデータを繕う

$$\left.\begin{array}{r}f(-2)-4f(-1)+6f(0)-4f(1)+f(2)=0\\f(-1)-4f(0)+6f(1)-4f(2)+f(3)=0\\f(N-4)-4f(N-3)+6f(N-2)-4f(N-1)+f(N)=0\\f(N-3)-4f(N-2)+6f(N-1)-4f(N)+f(N+1)=0\end{array}\right\}$$

となり，ダミーデータが含まれている．そこで，(1.21)と(1.22)を用いてこれらの式からダミーデータを消去する．その結果，$n=0, 1$についてはそれぞれ

$$\left.\begin{array}{r}f(0)-2f(1)+f(2)=0\\-2f(0)+5f(1)-4f(2)+f(3)=0\end{array}\right\} \quad (1.23)$$

が成立する．一方，$n=N-2, N-1$についてもそれぞれ

$$\left.\begin{array}{r}f(N-4)-4f(N-3)+5f(N-2)-2f(N-1)=0\\f(N-3)-2f(N-2)+f(N-1)=0\end{array}\right\} \quad (1.24)$$

が成立することがわかる．

以上のようにデータの両端の4点においては，(1.20)にかわって(1.23)および(1.24)が成立することがわかる．図1.4はこれら各式について，各項の係数の配列をブロックダイアグラムの形で示したものである．

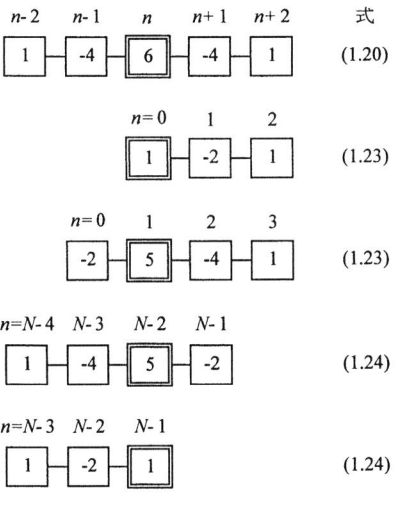

図 1.4 4階微分式の係数ダイアグラム

(2) 反復法による補間

では実際にこれらの式を用いて，虫食いデータを繕う方法を解説しよう．まず(1.20)を

表 1.1 欠落のあるデータの補間

n	0	1	2	3	4	5	6	7	8
$f(n)$	—	5.2	6.2	—	—	2.3	3.1	—	4.2
ステップ 0	4.0	5.2	6.2	4.0	4.0	2.3	3.1	4.0	4.2
ステップ 1	4.2	5.2	6.2	5.6	3.7	2.3	3.1	3.7	4.2
ステップ 2	4.2	5.2	6.2	5.4	3.6	2.3	3.1	3.7	4.2
ステップ 3	4.2	5.2	6.2	5.3	3.5	2.3	3.1	3.7	4.2
ステップ 4	4.2	5.2	6.2	5.2	3.5	2.3	3.1	3.7	4.2

$$f(n) = \frac{4\{f(n-1)+f(n+1)\}-f(n-2)-f(n+2)}{6} \tag{1.25}$$

の形に書き改めておく．この式を用いて反復(iteration)法で計算を進めることになるが，ここでは例題(表1.1)によって具体的に反復法を解説する．

例題では $n=0, 3, 4$ および 7 に欠測がある．まず欠測データの第 0 近似値として，欠測点をすべて「適当な数値」で埋める．ここでは，データの平均値に近いという理由で 4.0 を選ぶ．表中「ステップ 0」の行がそれである．

ついで「ステップ 1」の行の計算に入る．まず $n=0$ の値であるが，これは (1.23) の第 1 式を用いて

$$f(0) = 2f(1) - f(2) = 2 \times 5.2 - 6.2 = 4.2$$

とする．つぎに $n=3$ および 4 の場合には (1.25) を用いて

$$f(3) = [4\{f(2)+f(4)\}-f(1)-f(5)]/6 = \{4(6.2+4.0)-5.2-2.3\}/6$$
$$\fallingdotseq 5.55$$

$$f(4) = [4\{f(3)+f(5)\}-f(2)-f(6)]/6 = \{4(5.55+2.3)-6.2-3.1\}/6$$
$$\fallingdotseq 3.68$$

とする．$f(4)$ においては，$f(3)$ の値として得られたばかりの 5.55 を用いている．つねに新しい改定値を用いる方が反復計算の収束がよい．$f(7)$ の計算には $N=9$ として (1.24) の第 1 式を用いる．このようにしてステップの数を上げていき，計算値が収束したところで計算を止める．表 1.1 の例では，「ステップ 4」でほぼ収束する．反復法とは，このような繰返し計算法の呼称である．

(3) **補間法の限界**

3次方程式による補間法は，欠測部分を滑らかな曲線で埋める特徴をもつ．したがって，短波長成分が顕著なデータの補間には向かない．図 1.3(a) のデータの $n=70\sim80$ の範囲を抜き取り，$n=72$ と 73 に人為的に欠測を与えることで，補間法の有効性を検証してみたのが図 1.5 である．結果として，短波長成分を多く含

1.4 データ間隔を一定にする *11*

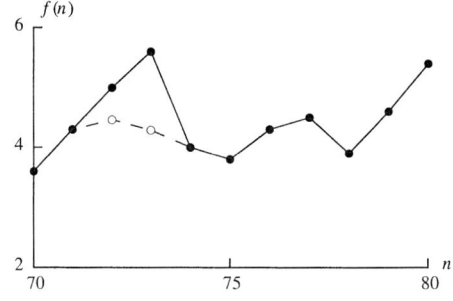

図 1.5 図1.3(a)のデータ $n=72$ と 73 を欠測と仮定したときの反復法による補間（白丸）

む時系列のピークは正しく補間されないことが判明した．

1.4 データ間隔を一定にする

(1) 反 復 法

図1.6に示すような，時間に関してサンプリングが不等間隔な時系列データがある．これではデータ解析に不都合なことが多いので，等間隔なデータに直したい．この要求を満たすため，まず不等間隔データを補間したうえで，等間隔にサンプリングし直す方法を採用する．

補間法には多項式(polynomial)[1]やスプライン関数(spline function)[2]による方法が一般的であるが，ここでは，1.3節の虫食い穴の補修法の修正版ともいうべき方法[3]を紹介する．

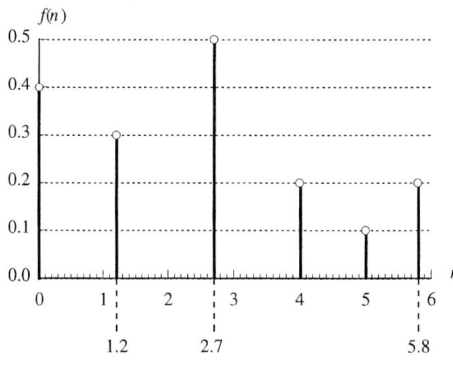

図 1.6 不等間隔データの例

いま，n と $n\pm 1/2$ との間に測定値があるものとし，その位置を $n+\xi$(ただし $-1/2\leqq\xi<1/2$)により表す．測定値 $f(n+\xi)$ を n のまわりのテーラー展開(Taylor expansion)により，ξ^2 の項までとるものとすれば

$$f(n+\xi)=f(n)+\xi f'(n)+\xi^2\frac{f''(n)}{2}$$

とすることができる．$f'(n)$ と $f''(n)$ をそれぞれ(1.6)と(1.11)により与えるものとすれば，$\varDelta t=1$ のとき

$$f(n+\xi)=f(n)+\xi\frac{f(n+1)-f(n-1)}{2}+\xi^2\frac{f(n+1)-2f(n)+f(n-1)}{2}$$

とすることができる．ここで上式を

$$f(n)=\frac{\xi}{2(1+\xi)}f(n-1)+\frac{1}{1-\xi^2}f(n+\xi)-\frac{\xi}{2(1-\xi)}f(n+1) \quad (1.26)$$

と変形しておく．

データの両端点 $n=0$ と $n=N-1$ の付近に測定値がある場合には，特別な配慮が必要である．このときには境界条件(1.19)の第1式 $f''(n)=0$ が成立するものとして，テーラー展開を

$$f(n+\xi)=f(n)+\xi f'(n)$$

で止める．そして $f'(n)$ に3点公式(1.10)および(1.10)'を用いることにする．

$n=0$ の場合には

$$f(\xi)=f(0)+\xi\frac{-3f(0)+4f(1)-f(2)}{2}$$

となるので，(1.26)にかわって

$$f(0)=\frac{f(\xi)-\xi\{4f(1)-f(2)\}/2}{1-(3/2)\xi} \quad (1.27)$$

を用いる．また他の端点 $n=N-1$ においては

$$f(N-1)=\frac{f(N-1+\xi)-\xi\{f(N-3)-4f(N-2)\}/2}{1+(3/2)\xi} \quad (1.28)$$

を用いることになる．

図1.6の例について，計算の実際を表1.2を用いて解説しよう．$n=1,2,3$ および6は欠測点であるので，「ステップ0」の段階では，欠測点にそれぞれ「適当な値」として例えば0.2を与える．ついで「ステップ1」では，$f(1.2)=0.3$ であるから，(1.26)において $\xi=0.2$ として

表 1.2　不等間隔データ(図1.6)の補間

n		0	1	2	3	4	5	6
$f(n)$		**0.40**	—*	—	*—	**0.20**	**0.10**	*—
ステップ	0	**0.40**	0.20	0.20	0.20	**0.20**	**0.10**	0.20
	1	**0.40**	0.32	0.25	0.52	**0.20**	**0.10**	0.26
	2	**0.40**	0.31	0.45	0.48	**0.20**	**0.10**	0.26
	3	**0.40**	0.29	0.41	0.48	**0.20**	**0.10**	0.26
	4	**0.40**	0.29	0.41	0.48	**0.20**	**0.10**	0.26

＊印：付近に測定値があることを示す．

$$f(1) = 0.2 \times 0.4 / \{2(1+0.2)\} + 0.3/(1-0.2^2)$$
$$\quad - 0.2 \times 0.2 / \{2(1-0.2)\}$$
$$\fallingdotseq 0.32$$

と求めることができる．

$n=2$ については該当するデータがないので，(1.25)を用いて

$$f(2) = \{4(0.32+0.2) - 0.4 - 0.2\}/6 \fallingdotseq 0.25$$

とする．$n=3$ については $f(2.7)=0.5$ であるから，(1.26)において $\xi=-0.3$ として

$$f(3) = -0.3 \times 0.25/\{2(1-0.3)\} + 0.5/(1-0.3^2)$$
$$\quad - (-0.3) \times 0.2/\{2(1+0.3)\}$$
$$\fallingdotseq 0.52$$

とする．$f(6)$ については，(1.28)において $N=7$, $\xi=-0.2$ とする．表1.2によれば，「ステップ4」程度ではぼ収束することがわかる．

以上述べた方法は複雑で親しみがもてないという人のために，N の値を大きくとることにより，すべての点の座標を整数値とする方法もある．この例では座標を10倍して，$n=0, 12, 27, 40, 50, 58, \cdots$ にのみ観測データがあり，その他の点はすべて欠測点と考える．反復計算の収束は遅くなるが，1.3節で解説した方法がそのまま使えるという利点がある．多少の計算時間の延びを犠牲にしても，単純な計算方式で済ます方が得策かもしれない．

(2) ラグランジュの補間公式

不等間隔データを連続関数 $f(t)$ でつなぐ一般的な方法に，ラグランジュの補間公式(Lagrangian interpolation formula)がある．これについて説明しよう．

いま，不等間隔データの位置を t_k $(k=0, 1, 2, \cdots, K-1)$ とするとき，$f(t)$ は係数 C_k とともに次式で表されるものとする．

$$f(t) = C_0(t-t_1)(t-t_2)\cdots(t-t_{K-1}) + C_1(t-t_0)(t-t_2)\cdots(t-t_{K-1})$$
$$+ \cdots + C_{K-1}(t-t_1)(t-t_2)\cdots(t-t_{K-2}) \qquad (1.29)$$

ここに，C_k の項には $t-t_k$ の因数は含まれない．したがって，$f(t_k)$ においては，C_k の項以外の項はすべて 0 となる．そのため

$$C_k = \frac{f(t_k)}{(t_k-t_1)(t_k-t_2)\cdots(t_k-t_{k-1})(t_k-t_{k+1})\cdots(t_k-t_{K-1})} \qquad (1.30)$$

が成立する．

(1.30)を(1.29)に代入したものがラグランジュの補間公式であるが，もう少し簡単に書き改めることもできる．いま

$$P(t) = (t-t_0)(t-t_1)\cdots(t-t_{K-1}) \qquad (1.31)$$

とおくと，(1.30)の分母は $P'(t_k)$ に等しいことがわかる．そのため

$$C_k = \frac{f(t_k)}{P'(t_k)} \qquad (1.30)'$$

と書ける．一方，(1.29)の C_k の項は $t-t_k$ を含まないから，$C_k P(t)/(t-t_k)$ と表される．したがって，最終的に補間公式(1.29)は

$$f(t) = \sum_{k=0}^{K-1} \frac{f(t_k) P(t)}{(t-t_k) P'(t_k)} \qquad (1.32)$$

と書き換えられる．

(1.32)を用いて図1.6の例題を試みよう．まず $f(1), f(2)$ および $f(3)$ を同時に算出する．$K=4$ として

$$P(t) = t(t-1.2)(t-2.7)(t-4.0)$$

とおけば，$0 \le t \le 4$ の範囲で(1.32)は

$$f(t) \approx -0.0309(t-1.2)(t-2.7)(t-4.0) + 0.0595t(t-2.7)(t-4.0)$$
$$-0.0950t(t-1.2)(t-4.0) + 0.0137t(t-1.2)(t-2.7)$$

と近似できる．これにより

$$f(1) \doteqdot 0.283, \quad f(2) \doteqdot 0.421, \quad f(3) \doteqdot 0.498$$

が得られる．反復法では t の2次式であったのに対して，ここでは t の3次式を用いているので，計算結果に多少の差が生じるのはいたし方ない．

$f(6)$ の計算には，$4 \le t \le 4.8$ の範囲のデータにより補外(extrapolation)する．$K=3$ であるから

$$P(t) = (t-4.0)(t-5.0)(t-5.8)$$

とおくと，(1.32)は

$$f(t) \approx 0.111(t-5.0)(t-5.8) - 0.125(t-4.0)(t-5.8)$$
$$+ 0.139(t-4.0)(t-5.0)$$

となる．結果として $f(6) \fallingdotseq 0.250$ を得る．

　個々の欠測や不等間隔データについて計算するには，ラグランジュの補間公式が便利であるが，大量のデータを自動的に処理するには，反復法の方が都合がよい．なお，図 1.3(a) のように短波長成分を含むデータの補間に対しては，ラグランジュ法も効果的ではない．

1.5 積分を数値計算する

(1) 台形公式

　$f(t)$ を範囲 $t_0 \leq t \leq t_N$ について定積分するとは，図 1.7(a) に示すように，曲線 $f(t)$ と t 軸に囲まれる面積を求めることである．数値積分とは，数値計算によりこの面積を求めることにほかならない．数値積分法にはいろいろあるが，なかでも台形公式 (trapezoidal rule) はもっとも簡単な方法である．

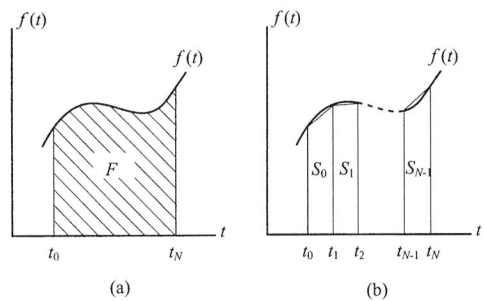

図 1.7　(a) 積分の幾何学的定義と (b) 台形公式

　台形公式は図 1.7(b) に示すように，求める面積を多数の台形の面積の和に近似する方法である．いま区間 $t_0 \leq t \leq t_N$ を N 個の台形に分け，その幅を $\Delta t = (t_N - t_0)/N$ とする．また $t_n = t_0 + n\Delta t$ $(n=0,1,2,\cdots,N)$ とおく．すると左から 1 番目，2 番目，$\cdots$，N 番目の台形の面積はそれぞれ

$$S_0 = \Delta t \frac{f(t_0)+f(t_1)}{2}$$

$$S_1 = \Delta t \frac{f(t_1)+f(t_2)}{2}$$

$$\cdots\cdots$$

$$S_{N-1} = \Delta t \frac{f(t_{N-1})+f(t_N)}{2}$$

となる．したがって N 個の台形の面積の総和 F は

$$F = \sum_{n=0}^{N-1} S_n = \Delta t \left\{ \frac{f(t_0)}{2} + f(t_1) + f(t_2) + \cdots + f(t_{N-1}) + \frac{f(t_N)}{2} \right\} \quad (1.33)$$

とまとめられる．これが台形公式である．

(2) シンプソンの公式

もう少し精度のよい数値積分に，シンプソンの公式(Simpson's rule)がある．この場合には積分範囲 $t_0 \leq t \leq t_{2N}$ を $2N$ 個の小区間に分け，$\Delta t = (t_{2N} - t_0)/(2N)$ とする．そして連続する3点を通る2次曲線をつくり，それぞれの2次曲線と t 軸に囲まれる面積をとる．このようにして，N 番目の面積までの総和を求める．

まず，1番目の面積($t_0 \leq t \leq t_2$)を求めてみる．2次曲線を

$$f(t) = a + bt + ct^2$$

により表すものとすれば

$$f(t_0) = a + bt_0 + ct_0^2$$

$$f(t_1) = a + bt_1 + ct_1^2$$

$$f(t_2) = a + bt_2 + ct_2^2$$

が成り立つ．これより a, b, c が決まるので，これらを用いて

$$S_0 = \int_{t_0}^{t_2} (a + bt + ct^2)\, dt = \Delta t \left\{ 2a + b(t_0 + t_2) + \frac{2c(t_0^2 + t_0 t_2 + t_2^2)}{3} \right\}$$

$$= \Delta t \frac{f(t_0) + 4f(t_1) + f(t_2)}{3}$$

が得られる．

同様に2番目, $\cdots$, N 番目の定積分は

$$S_1 = \Delta t \frac{f(t_2) + 4f(t_3) + f(t_4)}{3}$$

$$\cdots\cdots$$

$$S_{N-1} = \Delta t \frac{f(t_{2N-2}) + 4f(t_{2N-1}) + f(t_{2N})}{3}$$

である．したがって定積分の総和は最終的に

$$F=\sum_{n=0}^{N-1}S_n=\frac{\Delta t}{3}[f(t_0)+f(t_{2N})+4\{f(t_1)+f(t_3)+\cdots+f(t_{2N-1})\}$$
$$+2\{f(t_2)+f(t_4)+\cdots+f(t_{2N-2})\}] \qquad (1.34)$$

とまとめることができる．

シンプソンの公式はまた，ラグランジュの補間公式からも導ける．連続する3点を t_0, $t_1=t_0+\Delta t$, $t=t_0+2\Delta t$ とおくと，(1.32)は

$$f(t)=\frac{f(t_0)(t-t_1)(t-t_2)-2f(t_1)(t-t_0)(t-t_2)+f(t_2)(t-t_0)(t-t_1)}{2(\Delta t)^2}$$

となるので，これを $t_0 \leq t \leq t_2$ の範囲で積分すればよい．

なお，ラグランジュの補間公式の次数をもう1つ上げて，連続する4点を用いる数値積分公式をつくることもできる．結果だけ書くとそれは

$$S_0=\frac{3\Delta t}{8}\{f(t_0)+3f(t_1)+3f(t_2)+f(t_3)\}$$

となる．同様に

$$S_1=\frac{3\Delta t}{8}\{f(t_3)+3f(t_4)+3f(t_5)+f(t_6)\}$$
$$\cdots\cdots$$
$$S_{N-1}=\frac{3\Delta t}{8}\{f(t_{3N-3})+3f(t_{3N-2})+3f(t_{3N-1})+f(t_{3N})\}$$

であるから，総和として

$$F=\sum_{n=0}^{N-1}S_n=\frac{3\Delta t}{8}[f(t_0)+f(t_{3N})+3\{f(t_1)+f(t_2)+f(t_4)+f(t_5)+\cdots$$
$$+f(t_{3N-2})+f(t_{3N-1})\}+2\{f(t_3)+f(t_6)+f(t_9)+\cdots$$
$$+f(t_{3N-3})\}] \qquad (1.35)$$

が得られる．この方が前述の公式(シンプソンの1/3則)に比較して精度がよく，これをとくにシンプソンの3/8則という．

テーラー展開

t の関数を $f(t)$ とするとき，t の小さな増分 $\xi(|\xi|<1)$ に対して $f(t+\xi)$ を考える．このとき，$f(t+\xi)$ を t のまわりに ξ について展開すると

$$f(t+\xi)=f(t)+\xi f'(t)+\xi^2 f''(t)/2+\xi^3 f^{(3)}(t)/3!+\cdots$$
$$=\sum_{k=0}^{\infty}\frac{\xi^k}{k!}f^{(k)}(t)$$

となる．これをテーラー展開という．

> とくに $t=0$ のまわりの展開
> $$f(\xi) = f(0) + \xi f'(0) + \xi^2 f''(0)/2 + \xi^3 f^{(3)}(0)/3! + \cdots$$
> $$= \sum_{k=0}^{\infty} \frac{\xi^k}{k!} f^{(k)}(0)$$
> をマクローリン展開(Maclaurin expansion)とよぶ.

参考文献

1) 多項式によるデータ補間法の記述は多くの参考書にある.例えば
"松田 弘:数値計算テキスト,日本理工出版会, pp.190, 1995."
"E.クライツィグ(北川源四郎・阿部寛治・田栗正章訳):数値解析,培風館, pp.176, 1988."

2) スプライン関数によるデータ補間法は多くの解説書,参考書に記述がある.例えば
"桜井 明(編著):スプライン関数入門,東京電機大学出版局, pp.184, 1981."
"吉村和美・高山文雄:パソコンによるスプライン関数,東京電機大学出版局, pp.236, 1988."

3) 平面図上で不等間隔に与えられたデータをもとに等高線を描く方法に「ブリッグス(Briggs)の方法」(7章参考文献[1])がある.ここで紹介する反復法はその1次元化である.

2 入力から出力を知る

　雨が降ると地下水位が上昇する,群発地震が活発化すると地面が隆起するなど,自然現象には原因と結果の関係が明瞭なケースが多い.原因を入力(input),結果を出力(output)あるいは応答(response)と考えて,両者の間に何らかの数学的な関係を設定する.因果関係が物理・化学的メカニズムにより説明できれば問題はない.メカニズムが不明であっても,入出力を結合する数理を知れば,入力を知って出力を予測することができるであろう.

　本章では,入力と出力に相当する観測データをもとに,まず両者を結合する数理を模索し,ついで得られた数理を用いて,入力データから出力の予測を試みる.

2.1 群発地震から地殻変動を予測する

　地殻が傾斜するということは,一方の地殻が他方に比べて隆起または沈降することを意味している.伊豆半島では地震のたびに東海岸が隆起する,つまり東上がりの傾斜変動を起こす.過去の隆起が蓄積して,かつての舟の係留杭が崖の上に残っている場所さえある.図2.1は,1989年7月4日以降6時間ごとの伊豆半島川奈崎における地震回数と傾斜変動[1] [単位:μrad]を示す.一見して両者は何らかの因果関係で結ばれていることがわかるであろう.

　6時間ごとのデータが計測されるので,時間ステップを$\Delta t=6$ [hr]とし,整数n ($=t/\Delta t$)により時間tにかえる.そして入力(地震回数)と出力(傾斜量)をnの関数として$f(n)$と$g(n)$により表すこととする.では両者の数理的関係を求めてみよう.

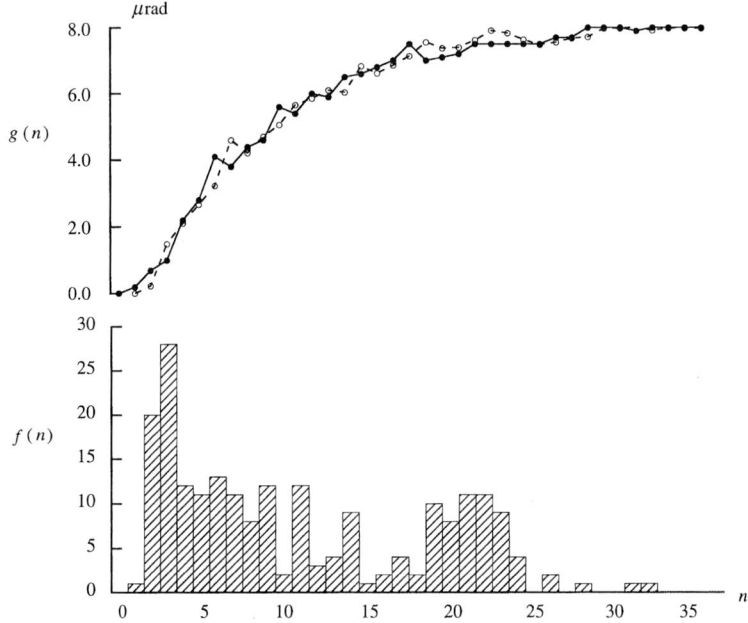

図 2.1 1989年7月4日以降6時間ごとの伊豆半島川奈崎における地震回数 $f(n)$ と傾斜変動 $g(n)$ [単位：μrad][1]
$g(n)$ の白丸と点線は本文中の式(2.10)を用いて計算した予測値．

(1) 簡単なモデルをつくる

図 2.1 を見ると，$f(n)$ は最初に大きく，その後は次第に減少する．これに対して，$g(n)$ は増大するだけで減少しない．このようなとき考えられるもっとも簡単なモデルは，$g(n)$ が $f(n)$ の積算値と比例関係にあるというものである．

図 2.2 の横軸に地震回数の $f(0)$ から $f(n)$ までの積算値

$$F(n) = \sum_{m=0}^{n} f(m) \tag{2.1}$$

を，縦軸に $g(n)$ をとる．明らかに $n=0\sim19$ (図の黒丸) の範囲で，両者の間に直線的な関係が認められる．数式で書くと，それは a と b を定数として近似的に

$$g(n) \approx a + bF(n) \tag{2.2}$$

となるに違いない．データから a と b の値を決めれば，モデルは完成する．

ここで，a と b の値を最小2乗法 (least squares method)[2] を用いて決めることにする．(2.2) の左辺は観測値，右辺はモデルから推定される理論値に相当する．このとき両者の差

2.1 群発地震から地殻変動を予測する

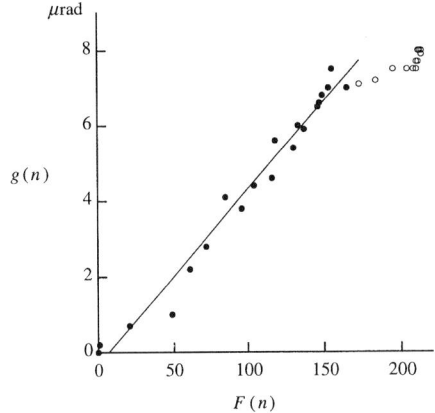

図 2.2 地震回数の積算値 $F(n)$ と傾斜変動 $g(n)$ の関係
$n=0\sim 19$ の範囲で直線的な関係にある。白丸は $n\geqq 20$ のデータ。

$$\varepsilon(n)=g(n)-a-bF(n) \tag{2.3}$$

の2乗和(ここでは $N=20$)を E とする。すなわち

$$E=\sum_{n=0}^{N-1}\{\varepsilon(n)\}^2=\sum_{n=0}^{N-1}\{g(n)-a-bF(n)\}^2 \tag{2.4}$$

このとき E が最小となるように a と b とを決定する。これが最小2乗法である。

E を a と b を変数とする2次関数 $E(a,b)$ とすれば、それは a と b を座標の両軸とする2次曲面を表す。この2次曲面の底の最深点において、$E(a,b)$ は最小値をとる。すなわち最小値は

$$\frac{\partial E(a,b)}{\partial a}=0, \quad \frac{\partial E(a,b)}{\partial b}=0$$

のときに与えられる。そのため(2.4)より

$$\left.\begin{array}{l}\dfrac{\partial E}{\partial a}=-2\sum\{g(n)-a-bF(n)\}=0 \\[4pt] \dfrac{\partial E}{\partial b}=-2\sum F(n)\{g(n)-a-bF(n)\}=0\end{array}\right\}$$

が導かれることとなる。ここに、$\sum$ について n に関する添字を省略している。

上式を整理すると、a と b を未知数とする連立1次方程式

$$\left.\begin{array}{l}aN+b\sum F(n)=\sum g(n) \\ a\sum F(n)+b\sum\{F(n)\}^2=\sum F(n)g(n)\end{array}\right\} \tag{2.5}$$

が得られる。最小2乗法では、この連立方程式を正規方程式(normal equation)とよぶ。$n=0\sim 19$ の範囲のデータについて $\sum$ の各項を計算し、(2.5)を解いて a と b を決める。その結果(2.2)は

$$g(n)\approx -0.344+0.0466F(n) \tag{2.6}$$

となる．こうして，入力と出力の関係を表すモデルが決定されたことになる．図2.2の直線は(2.6)による．

(2) **モデルの適合性を検証する**

実際の現象に対するモデルの適合性は，E値により判定できる．$\varepsilon(n)$が統計的に正規分布(normal distribution)を示すものとの仮定の上にたつ考えである．このモデルでは

$$E = \sum\{\varepsilon(n)\}^2 = \sum\{g(n) + 0.344 - 0.0466 F(n)\}^2$$
$$\approx 2.88 \ [\mu\mathrm{rad}^2]$$

が得られる．

また，統計学にしばしば登場する標準偏差(standard deviation)により判定することもある．それは$\sigma = (E/N)^{1/2} \approx 0.38 \ [\mu\mathrm{rad}]$と求められる．統計学の教えるところによれば，観測値は平均値のまわりのだいたい$\pm 3\sigma$の範囲に収まる．図2.2を見ると，直線のまわり$3\sigma \approx 1.14 \ [\mu\mathrm{rad}]$の範囲内に観測値が分布している．

つぎに，(2.6)においてnを$n-1$に置き換えた式をつくり，(2.6)から差し引くことにする．それは

$$g(n) - g(n-1) \approx 0.0466 f(n) \tag{2.7}$$

となる．左辺は出力の変化分，右辺は入力に比例する項である．すなわち(2.7)はつぎの事実を我々に教えてくれる．(2.2)において出力が入力の積算値に比例するとしたが，それは出力の変化分が入力に比例することにほかならない．

では(2.3)にかわって

$$\varepsilon(n) = g(n) - g(n-1) - b f(n)$$

とおき，その2乗和を最小化するときのb値を求めてもよいであろうか．実際のデータについて求めた値は$b \approx 0.0275 \ [\mu\mathrm{rad}]$となり，$\varepsilon(n)$の2乗和は$E \approx 4.95 \ [\mu\mathrm{rad}^2]$，すなわち$\sigma \approx 0.50 \ [\mu\mathrm{rad}]$となる．モデルの適合性は積算値$F(n)$を用いた方がよいことがわかる．一般に，差分よりも積算の方が適合性がよい．積算によりデータの平滑化(smoothing)が行われるためである．

またこの例の場合，正規方程式で決定すべき量はbだけであるのに対して，(2.2)ではaとbの2量を取り扱った．未知数を多くすることにより適合性が改善されることがあるが，それには限度がある．通常いくつかのモデルを設定して，適合性のもっとも高いモデルを採用する．

(3) 入力から出力を予測する

つぎに実用的見地から，n の時点での入出力 $f(n)$ と $g(n)$ を知って，つぎの時点の出力 $g(n+1)$ を予測するモデルをつくる．(2.7)において n を $n+1$ に置き換えた式
$$g(n+1) \approx g(n) + 0.0466 f(n+1)$$
では，右辺に $f(n+1)$ の項が含まれる．これでは，n の時点の入出力から $n+1$ の時点の出力を予測するという目的は達成できない．そこで右辺の $f(n+1)$ を $f(n)$ に近似し，そのしわ寄せが $g(n)$ にも及ぶものとして，モデルを改めて
$$g(n+1) \approx \alpha g(n) + \beta f(n) \tag{2.8}$$
のように設定する．

さて，最小2乗法を用いて係数 α と β を決定するために，2乗和
$$E = \sum \{g(n+1) - \alpha g(n) - \beta f(n)\}^2$$
を最小化する．正規方程式は
$$\left. \begin{array}{l} \alpha \sum \{g(n)\}^2 + \beta \sum f(n)g(n) = \sum g(n)g(n+1) \\ \alpha \sum f(n)g(n) + \beta \sum \{f(n)\}^2 = \sum f(n)g(n+1) \end{array} \right\} \tag{2.9}$$
となる．前と同様に $n=0 \sim 19$ の範囲のデータについて和を求め，(2.9)を解くと
$$g(n+1) \approx 0.997 g(n) + 0.0397 f(n) \tag{2.10}$$
となる．

α の値はほとんど1に近い．すなわち，(2.7)とまったく同様に，出力の変化分が入力に比例するというモデルをそのまま予測に用いてよいことがわかる．なお図2.1の白丸と点線は，(2.10)を用いて計算された予測値である．当然のことながら，予測値は観測値によく合っている．

(4) 微分方程式に変換する

さてここで一連の式をアナログ形式に戻してみよう．まず(2.7)を
$$g(t) - g(t - \Delta t) \approx \mu \Delta t f(t)$$
と書き直す．$\Delta t \to 0$ の極限では左辺は $g(t)$ の後退差分となるので，結局(2.7)をつぎの微分方程式に書き換えることができる．
$$\frac{dg(t)}{dt} = \mu f(t) \tag{2.11}$$
ここに，$\mu = 0.0466/\Delta t = 0.00777$ [μrad/hr]の値をとる．

図2.1によれば $g(0) = 0$ であるから，(2.11)の解は $0 \leq t \leq 114$ [hr]($=19 \times 6$ [hr])の範囲において

$$g(t) = \mu \int_0^t f(\tau)\,d\tau \qquad (2.12)$$

となることがわかる．

つぎに(2.10)を微分方程式に書き直す．それは

$$g(n+1) - g(n) \approx -0.003 g(n) + 0.0397 f(n)$$

となるから，一般的な形式に書き改めて

$$g(t+\Delta t) - g(t) \approx -\lambda \Delta t g(t) + \mu \Delta t f(t)$$

とする．ここに，$\lambda = 0.003/\Delta t = 0.0005\,[\mathrm{hr}^{-1}]$，$\mu = 0.0379/\Delta t \fallingdotseq 0.00662\,[\mu\mathrm{rad/hr}]$である．$\Delta t \to 0$ の極限では，上式は微分方程式

$$\frac{dg(t)}{dt} = -\lambda g(t) + \mu f(t) \qquad (2.13)$$

となることがわかる．

$g(0) = 0$ を考慮すると(2.13)の解は

$$g(t) = \mu \int_0^t \exp\{-\lambda(t-\tau)\} f(\tau)\,d\tau \qquad (2.14)$$

となる．地震回数と傾斜変動の例では $\lambda \fallingdotseq 0$ であるので，(2.14)はほとんど(2.12)に一致すると見てよい．一般に，微分方程式(2.13)により記述できるモデルを指数モデル(exponential model)とよび，λ を減衰定数(decay constant)とよぶ．

本書の巻末に，ラプラス変換法による微分方程式(2.13)の解法を紹介する．なお，ラプラス変換法については多くの参考書[3]があるので参照されたい．

2.2 伝達関数を求める

(1) 線形システムとは

前例では，傾斜変動は時間とともに一方的に増加するだけで，群発地震活動が終息しても，元に戻る気配を見せなかった．しかし三浦半島の先端にある油壺では，1923年関東地震の際に隆起したが，その後徐々に沈降の傾向にある．1946年南海地震で大きく隆起した室戸岬も，地震後は沈降の傾向を見せている．

このような"元に戻る"現象を数学的に記述するためには，さらにモデルを高度化して，(2.14)をより一般的な形式で

$$g(t) = \int_0^t h(t-\tau) f(\tau)\,d\tau \qquad (2.15)$$

と書き換える必要がある．ここに，$h(t)$ は入力と出力を結ぶという意味で伝達関数(transfer function)，あるいは入力と出力を1つのシステムとみなしてシステム関

数(system function)とよばれる.(2.12)は $h(t)=\mu$, (2.14)は $h(t)=\mu\exp(-\lambda t)$ の特別な場合にあたる.

(2.15)は一般的につぎの性質をもっている.入力が μ 倍(μ:定数)になれば,出力もまた μ 倍になる.さらに2つの独立した入力 $f_1(t)$ と $f_2(t)$ の出力がそれぞれ $g_1(t)$ と $g_2(t)$ であるとする.このとき入力が $f_1(t)$ と $f_2(t)$ の和であれば,出力もまた $g_1(t)$ と $g_2(t)$ の和となる.これらの性質を(2.15)を用いて表せば,つぎのようになる.

$$\left. \begin{array}{l} \mu g(t) = \int_0^t h(t-\tau)\{\mu f(\tau)\}d\tau \\ g_1(t)+g_2(t) = \int_0^t h(t-\tau)\{f_1(\tau)+f_2(\tau)\}d\tau \end{array} \right\}$$

このような性質を線形性(linearity)といい,この性質をもつシステムを線形システム(linear system)という.

(2.15)はまた

$$g(t) = \int_0^t h(\tau)f(t-\tau)\,d\tau \tag{2.16}$$

と書き換えられる. $t'=t-\tau$ とおき, τ に関する積分を t' に関する積分に書き直すと

$$g(t) = \int_0^t h(t-t')f(t')\,dt'$$

となって,これは(2.15)に等しい.

なお,(2.15)や(2.16)の積分形式をたたみ込み(convolution)とよぶ.この積分式が成立するためには, $t<0$ において $f(t)=0$,すなわち原因となる現象は $t\geqq0$ より始まるという前提がある.当然ながら, $g(t)$ もそれ以降でなければ発生しない.

つぎに(2.15)をディジタル形式に書き改める. $\varDelta t=1$ として書き換えると

$$g(n) = \sum_{m=0}^{n} h(n-m)f(m) \tag{2.17}$$

となる.ここに, $h(n)$ も伝達関数,あるいはシステム関数とよばれる.例えば(2.15)を台形公式で数値積分するものとすれば, $h(0)$ と $h(n)$ には $1/2$ の重みがかかるが,ここでは伝達関数に重みが含まれているものとする.

(2.17)もまた線形性を有している.同様に $n<0$ において $f(n)=0$ を前提としている.当然のこととして, $n<0$ において $g(n)=0$ である.

(2.17)はまた

$$g(n) = \sum_{m=0}^{n} h(m) f(n-m) \tag{2.18}$$

と書くこともできる．展開してみれば一目瞭然であって，証明する必要はない．

(2) 伝達関数を導く

(2.17)あるいは(2.18)を用いれば，入力データと出力データから伝達関数を導くことができる．$n=1, 2, 3, \cdots$ について(2.18)を書いてみると

$$\left.\begin{aligned}
g(0) &= h(0) f(0) \\
g(1) &= h(0) f(1) + h(1) f(0) \\
g(2) &= h(0) f(2) + h(1) f(1) + h(2) f(0) \\
&\cdots\cdots
\end{aligned}\right\}$$

となる．したがって伝達関数は $f(0) \neq 0$ のとき

$$\left.\begin{aligned}
h(0) &= g(0) / f(0) \\
h(1) &= \{g(1) - h(0) f(1)\} / f(0) \\
h(2) &= \{g(2) - h(0) f(2) - h(1) f(1)\} / f(0) \\
&\cdots\cdots
\end{aligned}\right\}$$

と求められる．

第1式で得られた $h(0)$ を第2式に代入することにより $h(1)$ を，ついで $h(0)$ と新たに得られた $h(1)$ を第3式に代入することにより $h(2)$ を，…というように順次代入することにより，高次の伝達関数を導くことができる．一般式は

$$h(n) = \frac{g(n) - \sum_{m=0}^{n-1} h(m) f(n-m)}{f(0)} \tag{2.19}$$

と書くことができる．

(3) 降雪-積雪システムに挑む

実例として降雪量を入力，積雪量を出力として伝達関数を求めてみる．積雪量が降雪量の積算値に等しいと考え違いしている人がいる．しかし日射があれば雪は解けて積雪量は減少するし，風で飛ばされることもある．積雪量も多くなれば圧密作用も働く．すなわち，積雪量は時間の経過とともに減少する傾向にある．ここでは詳細な物理的メカニズムに触れることなく，降雪量と積雪量の関係を1つの入出力システムとして考えてみたい．

図2.3は新潟県長岡市における降雪量と積雪量のデータ[4]である．1989年12月8～13日(a)と，同じく18～23日(b)の2組のデータを選ぶことにする．ともに

2.2 伝達関数を求める

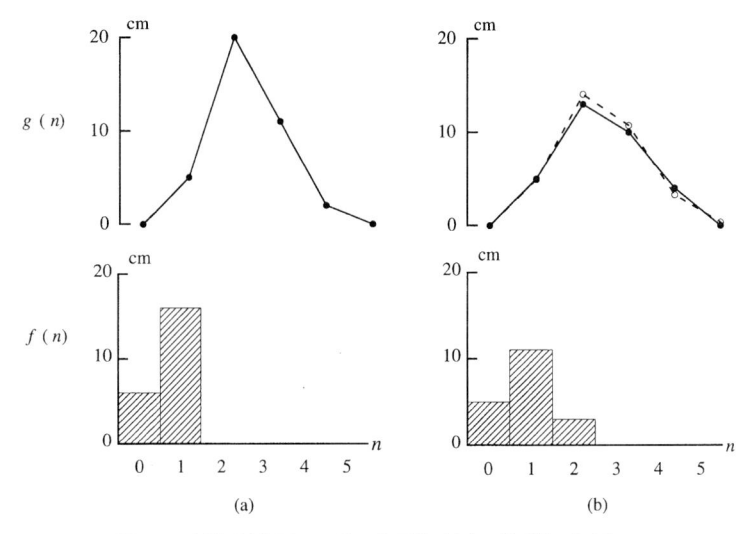

図 2.3 新潟県長岡市における降雪量 $f(n)$ と積雪量 $g(n)$ [4]
(a) 1989 年 12 月 8~13 日,(b) 12 月 18~23 日,点線は予測値.

2~3 日の降雪の後に,4~5 日の積雪が残る事例で,相互に独立したシステムとして取り扱うことができる.データは日単位で与えられるから,$\Delta t=1$ [day] とする.

まず (2.19) を用いて,(a) のケースにつき伝達関数を求めてみる.結果は惨たんたるもので,$n=4$ 以上となると伝達関数は暴れ出して収拾がつかなくなる.(b) のケースも $n=6$ 以上で同様な傾向を示す.つまり理屈のうえで (2.19) は成り立っても,実際問題となると思うように機能しない.ではこのようなケースには,どのように対処したらよいであろうか.

図 2.3 から判断できることは,降雪の第 1 日目に積雪量が 0 となっていることである.降雪量が即座に積雪量に加わらないのは不自然であるが,これはデータのとり方に問題がある.毎朝 9 時の観測時刻の積雪量に対して,前日 9 時から 24 時間の降雪量を前日の分として計測するためである.さらに気がつくことは,積雪は降雪の最大 3 日後まで残っていることである.これらのことを勘案すれば,(2.18) を

$$g(n) \approx af(n-1) + bf(n-2) + cf(n-3) \tag{2.20}$$

として,それ以上の項を考慮する必要はないのではなかろうか.ここに,$h(0)=a$,$h(1)=b$,$h(2)=c$ とおいている.

(2.20) から伝達関数,すなわち係数 a, b, c の値を決めるには,最小 2 乗法に頼ることとなる.このとき正規方程式は

$$\left.\begin{aligned}
&a\sum\{f(n-1)\}^2+b\sum f(n-1)f(n-2)+c\sum f(n-1)f(n-3)\\
&\quad =\sum f(n-1)g(n)\\
&a\sum f(n-1)f(n-2)+b\sum\{f(n-2)\}^2+c\sum f(n-2)f(n-3)\\
&\quad =\sum f(n-2)g(n)\\
&a\sum f(n-1)f(n-3)+b\sum f(n-2)f(n-3)+c\sum\{f(n-3)\}^2\\
&\quad =\sum f(n-3)g(n)
\end{aligned}\right\}$$

となる.便利なことに,$n<0$ の範囲では $f(n)=g(n)=0$ であるので

$$\sum\{f(n-1)\}^2=\sum\{f(n)\}^2,\quad \sum f(n-1)f(n-2)=\sum f(n)f(n+1)$$

などが成り立つ.したがって,正規方程式はつぎのように書き換えられる.

$$\left.\begin{aligned}
&a\sum\{f(n)\}^2+b\sum f(n)f(n+1)+c\sum f(n)f(n+2)\\
&\quad =\sum f(n)g(n+1)\\
&a\sum f(n)f(n+1)+b\sum\{f(n)\}^2+c\sum f(n)f(n+1)\\
&\quad =\sum f(n)g(n+2)\\
&a\sum f(n)f(n+2)+b\sum f(n)f(n+1)+c\sum\{f(n)\}^2\\
&\quad =\sum f(n)g(n+3)
\end{aligned}\right\} \quad (2.21)$$

この解が a,b,c の最適値を与える.

では,図2.3の実例に従って3係数を求めてみると,(a)と(b)のそれぞれのケースについて式

$$g(n)\approx 0.985f(n-1)+0.650f(n-2)+0.122f(n-3)$$
$$g(n)\approx 0.940f(n-1)+0.561f(n-2)+0.197f(n-3)$$

を得る.これらの計算値は,それぞれの観測値ときわめてよく一致する.また(a)と(b)との係数間の差異が小さいため,(a)の式を用いて(b)を予測することもできる.図2.3(b)には,(a)の式による予測値を点線で併記している.

2.3 指数モデルで予測する

伝達関数が指数関数であるということは,パルス状の入力に対して出力は減衰しながら長く尾を引く形をとることを示す.このような現象は地球科学においてしばしば見受けられ,指数モデルは多くの応用面をもつものと期待される.入力と出力の実例として,ここでは降雪量と積雪量,降水量と地下水位の関係を取り扱う.ともに入力に対して出力が指数関数的に減少するため,指数モデルが適用できる.

(1) 再び降雪-積雪システムに挑む

前節で簡単な降雪-積雪システムの解析を紹介した．本項では本格的な入出力データに挑戦してみる．それは図 2.4 に示す新潟県長岡市における 1989 年 12 月 27 日～1990 年 1 月 31 日の 36 日間の降雪量と積雪量のデータ[4]である．

まず，1989 年 12 月 27 日～1990 年 1 月 11 日の 16 日間の入出力データに

$$g(n+1) \approx ag(n) + f(n) \tag{2.22}$$

を当てはめて係数 a を決定する．ここに，$f(n)$ の係数を 1 とした理由は，降雪の時点において降雪量はそのまま積雪量に加算されるからである．事実，(2.20) の係数 a はほとんど 1 に近い．

また，降雪がないとき融雪もないとすれば $g(n+1) = g(n)$ が成り立つし，融雪だけがあるものとすれば $g(n+1) < g(n)$ となるに違いない．したがって，$a \leqq 1$ であることが予想される．最小 2 乗法によれば，a の値は

$$a = \frac{\sum g(n)\{g(n+1) - f(n)\}}{\sum \{g(n)\}^2} \doteqdot 0.793$$

と求められる．指数モデルでは a と積雪量の減衰定数 λ との間に

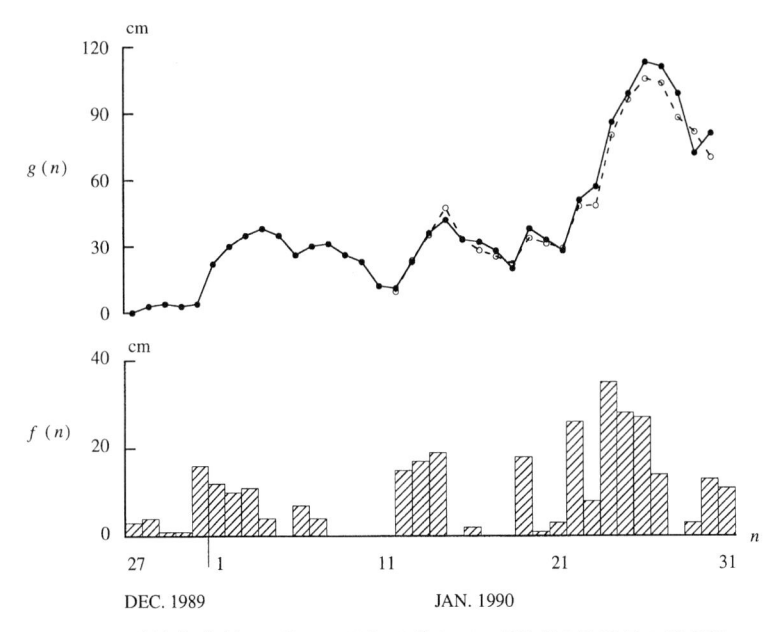

図 2.4 新潟県長岡市における 1989 年 12 月 27 日～1990 年 1 月 31 日の 36 日間の降雪量 $f(n)$ と積雪量 $g(n)$ [4]
点線は予測値．

$$a = 1 - \lambda \Delta t$$

の関係があるから，$\Delta t = 1$ [day] ととれば，$\lambda \fallingdotseq 0.207$ [day^{-1}] が得られる．

ついで 1990 年 1 月 12~31 日の 20 日間の降雪量データに，得られた a の値を (2.22) に適用して積雪量を予測する．予測値 (図 2.4 では点線) は観測データ (図では実線) に実によく一致する．わずかに 1 個の係数 a を決めるだけで，現象がこれだけよく説明できるとは驚きである．もしも指数モデルによらず，(2.17) のような数式に頼るとしたら，最小 2 乗法で決定すべき係数の数は 10 個以上に及んだことであろう．

積雪量の減少率は，気温や日射量によって変化することを我々は経験で知っている．減衰定数は最高気温や日射量に強く依存するはずである．最小 2 乗法で得られるモデルでは，こういった日々の変化はノイズとして除外されている．実際面への応用を意図した高度な積雪量予測システムでは，気温や日射量の予測値を用いて，減衰定数の細かい変化まで視野に入れることになろう．

(2) **降水量から地下水位を予測する**

図 2.5 は，東京都世田谷区等々力における降水量と地下水位の 150 日間のデータ (1991 年 3 月 22 日~8 月 18 日) である．浅い観測井であるため，降水があると

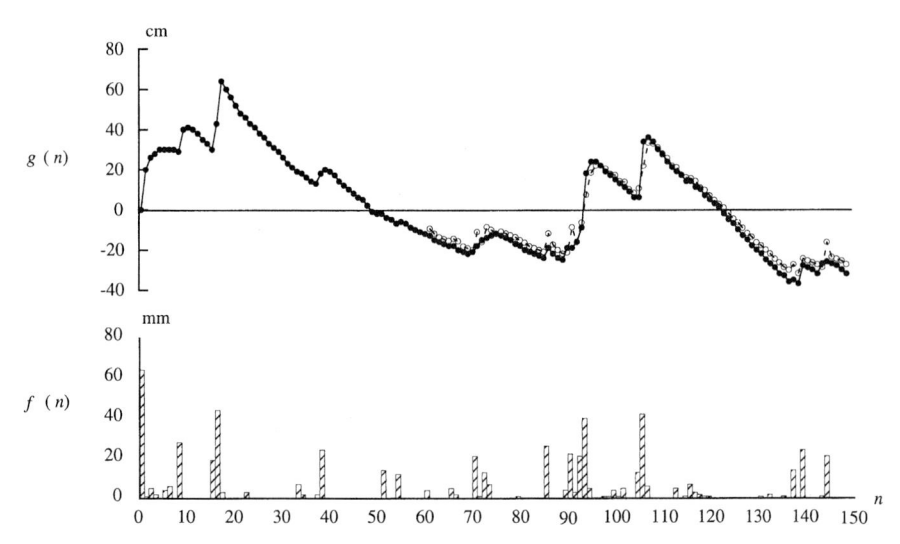

図 2.5 東京都世田谷区等々力における 1991 年 3 月 22 日~8 月 18 日の 150 日間の降水量 $f(n)$ と地下水位 $g(n)$
点線は予測値．データは日本大学文理学部堀内清司教授の提供による．

直ちに地下水位の上昇がみられる．ここでは，降水量を入力，地下水位変動を出力として予測のモデルを構築する．

降水量と地下水位のシステムは，前述の降雪量と積雪量のシステムと類似している．しかし降雪量がそのまま積雪量に加算されるケースと異なり，入力 $f(n)$ の係数を1とおくわけにはいかない．ここでは (2.22) にかわって (2.8)，すなわち

$$g(n+1) \approx \alpha g(n) + \beta f(n) \tag{2.23}$$

を適用するものとし，最小2乗法により2係数 α と β を決定する．このときの正規方程式は (2.9) とまったく同じである．

図 2.5 において，3月22日〜5月20日の60日間のデータをもとに計算した結果，予測式

$$g(n+1) \approx 0.913 g(n) + 0.387 f(n)$$

を得た．これを用いて残り90日間の地下水位を予測する．予測値を図に点線として併記する．観測値に比べて予測値が多少とも遅れ気味ではあるが，両者間の一致性はかなり良好と判断される．

ここで紹介した方法はまったく初歩的なアプローチであって，降水量と地下水位の問題は水理学で確立された問題である．厳密には，地下水の浸透を考慮した流体力学により解かれるべき問題であろう．また予測という立場では，気象学的な降水量の予測値を加味すれば，より高度なモデルに発展させることが可能であると思われる．高度なモデルの構築には，単なる現象の統計学的なアプローチだけではなく，現象の物理学的なメカニズムを導入し，関連する地球科学的なデータを最大限に利用することが求められる．

2.4　いずれが原因か結果か

降水が原因で地下水位の上昇が結果であることは誰しも疑わない．仮に地下水位の変動 $g(n)$ を入力，降水量 $f(n)$ を出力として，(2.23) にかわって

$$f(n+1) \approx a f(n) + b g(n)$$

とおいたとしよう．実際にこれを計算してみるまでもないが，あえて実行してみると，予測値はまったく実測値に合致しない．すなわち，地下水位の変動は当然のこととはいえ，降水量に影響することはない．

しかし2つの現象の間には，いずれが原因か結果か判別しかねるケースもある．実は両者が相互に原因となり結果となるという，一種のシステムを構成しているためである．このようなケースを例題により確かめてみよう．

(1) アジは地震を予知するか

伊豆半島東方沖の地震活動はアジの漁獲量と密接な関係があるという,寺田寅彦の有名な論文がある.この関係を 1986 年 11 月 1〜30 日について再検討した結果[5]が図 2.6 である.地震活動が活発化すると,アジが逃げ出すとか好奇心で集まってくるならば,地震が原因でアジの漁獲量の増減が結果であることは明らかである.しかしアジが地震を予知するものとすれば,漁獲量の増減は地震の先行現象(precursor)となって,入力と出力の関係は逆転する.

いまアジが地震を予知するものと仮定して,毎日のアジの漁獲量を入力 $f(n)$,地震回数を出力 $g(n)$ とする.データに最小 2 乗法を適用して得られた式

$$g(n+1) \approx 24.8 f(n) + 0.135 g(n)$$

による予測値が,図 2.6 の $g(n)$ の折れ線である.つぎに入力と出力を逆転した場合の式

$$f(n+1) \approx 0.599 f(n) - 0.00244 g(n)$$

によって計算した予測漁獲量を,$f(n)$ の図に折れ線で併記する.

図 2.6 によれば,予測値と実測値の適合はあまりよくない.しかし傾向はつか

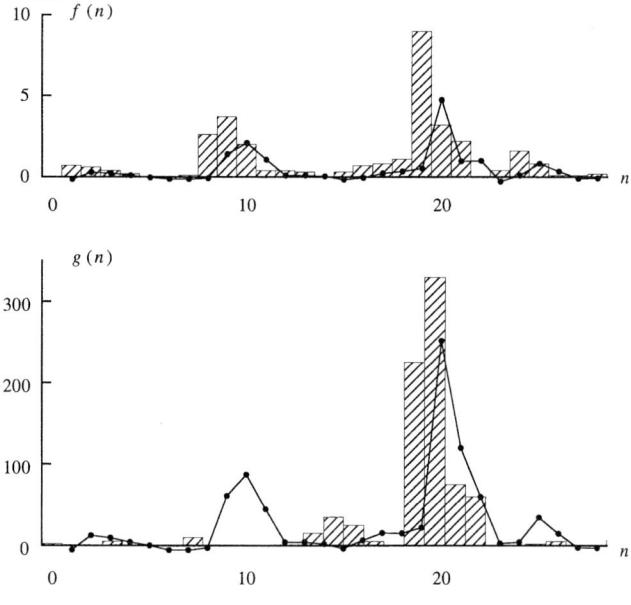

図 2.6 伊豆半島東方沖における 1986 年 11 月 1〜30 日のアジの漁獲量 $f(n)$ と地震回数 $g(n)$ の関係[5]
このような関係を最初に指摘したのは寺田寅彦である.

んでいる．地震とアジの漁獲量との間には何らかの関係があることは明らかであるが，いずれが原因（先行現象）か結果かを判別することはできない．最終的な判別については，4章で述べることにする．

(2) 海水温と海水準

海水の温度が上昇すれば，熱膨張によって海水準が上昇する．大陸氷の融解も加われば，海水準の上昇はさらに促進される．このプロセスでは，いずれが原因か結果かは明瞭に判断がつく．しかし海水は熱容量が大きいから，海水の体積増加は地球の温暖化に貢献するとも考えられる．つまり，相互に原因となり結果となる．短期的な変動ではなく，数千万年の長期的な変動となると，プロセスはさらに複雑化するであろう．

図 2.7 に，過去 1 億年の北極海の水温変動 [単位：℃] と世界の平均海水準変動 [単位：m] を示す[6]．時間 t の原点を 1 億年前の時点にとり，t にかわって $n=t/\Delta t$（ここでは $\Delta t=5$ [My：million years] にとる）の関数として海水温変動を $f(n)$，海水準変動を $g(n)$ により記す．いずれが原因か結果かは不明であるため，入出力を逆転した式も連立させることとし，図 2.7 のデータに最小 2 乗法を適用して

$$\left.\begin{array}{l} f(n+1) \approx 0.964 f(n) - 0.00341 g(n) \\ g(n+1) \approx 2.55 f(n) + 0.810 g(n) \end{array}\right\}$$

を導く．これらの式を用いた計算値を図に点線で併記する．計算値は観測値とかなりよく一致していることがわかる．

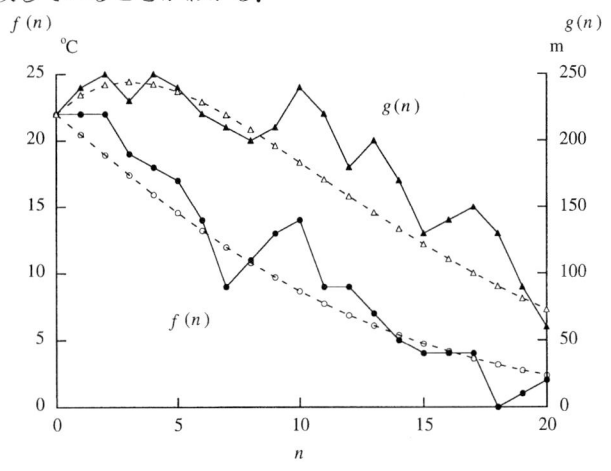

図 2.7 過去 1 億年間の北極海の水温変動 $f(n)$ と平均海水準変動 $g(n)$[6]
時間の原点は 1 億年前，n の時間間隔は 5 [My]，点線は予測値．

図2.7によれば，$f(n)$は時間nとともに指数関数的に減少する．すなわち，上式の第1式から$g(n)$の項を省略して

$$f(n+1)-f(n)\approx-0.036f(n)$$

と近似できることを示唆している．言い換えれば，$g(n)$は$f(n)$にほとんど影響しない，つまり海水準変動は海水温変動の原因となったとしても，その影響は小さいと見てよい．

(3) **原因と結果の解析解**

相互に原因となり結果となるようなケースでは，一般に連立方程式

$$\left.\begin{aligned}\frac{df(t)}{dt}&=af(t)+bg(t)\\\frac{dg(t)}{dt}&=\alpha f(t)+\beta g(t)\end{aligned}\right\} \quad (2.24)$$

が成立する．この解析解を得ておくことは，モデルを設定する際の参考となる．ここでは解の導出法を省略して，解析解のみを紹介するにとどめる．

いま，$\lambda=(a+\beta)/2$, $\mu^2=a\beta-b\alpha$とおく．

① $\mu^2>0$のとき

$$\left.\begin{aligned}f(t)&=\frac{e^{\lambda t}}{\mu}[\mu f(0)\cos\mu t+\{(a-\lambda)f(0)+bg(0)\}\sin\mu t]\\g(t)&=\frac{e^{\lambda t}}{\mu}[\mu g(0)\cos\mu t+\{\alpha f(0)+(\lambda-a)g(0)\}\sin\mu t]\end{aligned}\right\}$$

② $\mu^2=0$のとき

$$\left.\begin{aligned}f(t)&=e^{\lambda t}[f(0)+t\{(a-\lambda)f(0)+bg(0)\}]\\g(t)&=e^{\lambda t}[g(0)+t\{\alpha f(0)+(\lambda-a)g(0)\}]\end{aligned}\right\}$$

③ $\mu^2<0$のとき

$$\left.\begin{aligned}f(t)&=\frac{e^{\lambda t}}{\mu}[\mu f(0)\cosh\mu t+\{(a-\lambda)f(0)+bg(0)\}\sinh\mu t]\\g(t)&=\frac{e^{\lambda t}}{\mu}[\mu g(0)\cosh\mu t+\{\alpha f(0)+(\lambda-a)g(0)\}\sinh\mu t]\end{aligned}\right\}$$

④ $\lambda^2+\mu^2=0$のとき

$$\left.\begin{aligned}f(t)&=\frac{1}{2\lambda}[\beta f(0)-bg(0)+e^{2\lambda t}\{af(0)+bg(0)\}]\\g(t)&=\frac{1}{2\lambda}[ag(0)-\alpha f(0)+e^{2\lambda t}\{\alpha f(0)+\beta g(0)\}]\end{aligned}\right\}$$

前項の海水温と海水準の例題で$\varDelta t=5$ [My]を時間の単位にとり，$f(0)=22$

[℃] および $g(0)=220$ [m] を用いれば，① により
$$\left.\begin{array}{l}f(t)\fallingdotseq 23.3e^{-0.113t}\cos(0.125t-0.330)\\ g(t)\fallingdotseq 383e^{-0.113t}\cos(0.125t-0.959)\end{array}\right\}$$
が得られる．$f(t)$ および $g(t)$ の極大値はそれぞれ $t\fallingdotseq-3.24$ および $t\fallingdotseq 0.179$ に位置する．微分と差分との違いにより，図 2.7 の折れ線と正確には一致しない．

2.5 地震時に建造物はどう揺れるか

(1) 地震動の方程式

地震による地表面の動きを地震動という．地震動はベクトルであるから，水平動 2 成分と上下動 1 成分とに分けられる．いま成分を問わず，地震動の加速度を時間 t の関数 $f(t)$ とおく．このとき，地震動による建造物の変位 $g(t)$ は，つぎの運動方程式を満たす．

$$\frac{d^2g(t)}{dt^2}+2h\nu\frac{dg(t)}{dt}+\nu^2 g(t)=-f(t) \tag{2.25}$$

ここに h は減衰定数，ν は固有角周波数であり，T を固有周期とすると $\nu=2\pi/T$ の関係がある．

h は一般に小さい値をとるため，建造物はほぼ固有周期に近い周期の減衰振動で揺れる．ちなみに鉄筋コンクリート 4 階建ての場合に固有周期の平均値は 0.24 [s]，40 階建ての場合には 3.2 [s] と，建造物が高層になるとゆらゆらとゆっくり揺れる傾向をもつ．

(2) 微分方程式の解

さて，2 階微分方程式(2.25)を解くために建造物の振動の速度を $u(t)$ とおくと，つぎの連立 1 階微分方程式に分けられる．

$$\left.\begin{array}{l}\dfrac{du(t)}{dt}+2h\nu u(t)+\nu^2 g(t)=-f(t)\\ \dfrac{dg(t)}{dt}=u(t)\end{array}\right\} \tag{2.26}$$

これは (2.24) と同形であることがわかる．両式を差分式に書き換えると

$$\left.\begin{array}{l}u(n+1)\approx(1-2h\nu\Delta t)u(n)-\Delta t\{\nu^2 g(n)+f(n)\}\\ g(n+1)\approx g(n)+u(n)\Delta t\end{array}\right\} \tag{2.27}$$

となる．したがって地震動加速度データ $f(n)$ と建造物の 2 つのパラメータ h と

ν(あるいは T)が与えられるならば，初期条件 $g(0)=u(0)=0$ のもとに，これまでと同様な方法で建造物の振動を解くことができる．

しかし計算の精度が要求される場合には，(2.27)によらずルンゲ-クッタ法(Runge-Kutta method)[7]，多段解法(multistep method)などによるか，あるいはつぎに述べる解析的な積分解を数値積分する．

(2.25)の解を

$$g(t) = \int_0^t p(t-\tau) f(\tau) d\tau \tag{2.28}$$

とたたみ込みの形式により与えるものとする．このとき，$f(t)$ と $g(t)$ は伝達関数 $p(t)$ を通して入出力システムを構成していることが理解される．

$\nu' = \nu(1-h)^{1/2}$ とおけば，伝達関数は

$$p(t) = -\frac{1}{\nu'} \exp(-h\nu t) \sin(\nu' t) \tag{2.29}$$

により表される．したがって，h と ν(あるいは T)が与えられれば伝達関数が決定でき，地震動加速度データ $f(t)$ とともに(2.28)を数値積分することができる．なお，これらの式の導出法は巻末の「ラプラス変換」に紹介する．

同じく建造物の振動の速度をたたみ込み

$$u(t) = \int_0^t q(t-\tau) f(\tau) d\tau \tag{2.30}$$

により与えれば，伝達関数は

$$q(t) = \exp(-h\nu t) \left\{ \cos(\nu' t) - \frac{h\nu}{\nu'} \sin(\nu' t) \right\} \tag{2.31}$$

となることがわかる．この式の導出についても，巻末の「ラプラス変換」を参照されたい．なお，建造物の振動の加速度 $du(t)/dt$ は，(2.28)と(2.30)を(2.26)の第1式に代入することにより求めることができる．

(3) 地震応答スペクトル

建造物の耐震性を問題にするためには，変位，速度，加速度そのものよりも，最大値に特別な関心を寄せる．最大値を超える十分な耐震性が，建造物の設計に求められるからである．そこでは h と T(または ν)の関数

$$\left.\begin{array}{l} S_D(h, T) = |g(t)|_{\max} \\ S_V(h, T) = |u(t)|_{\max} \\ S_A(h, T) = \left|\dfrac{du(t)}{dt} + f(t)\right|_{\max} \end{array}\right\} \tag{2.32}$$

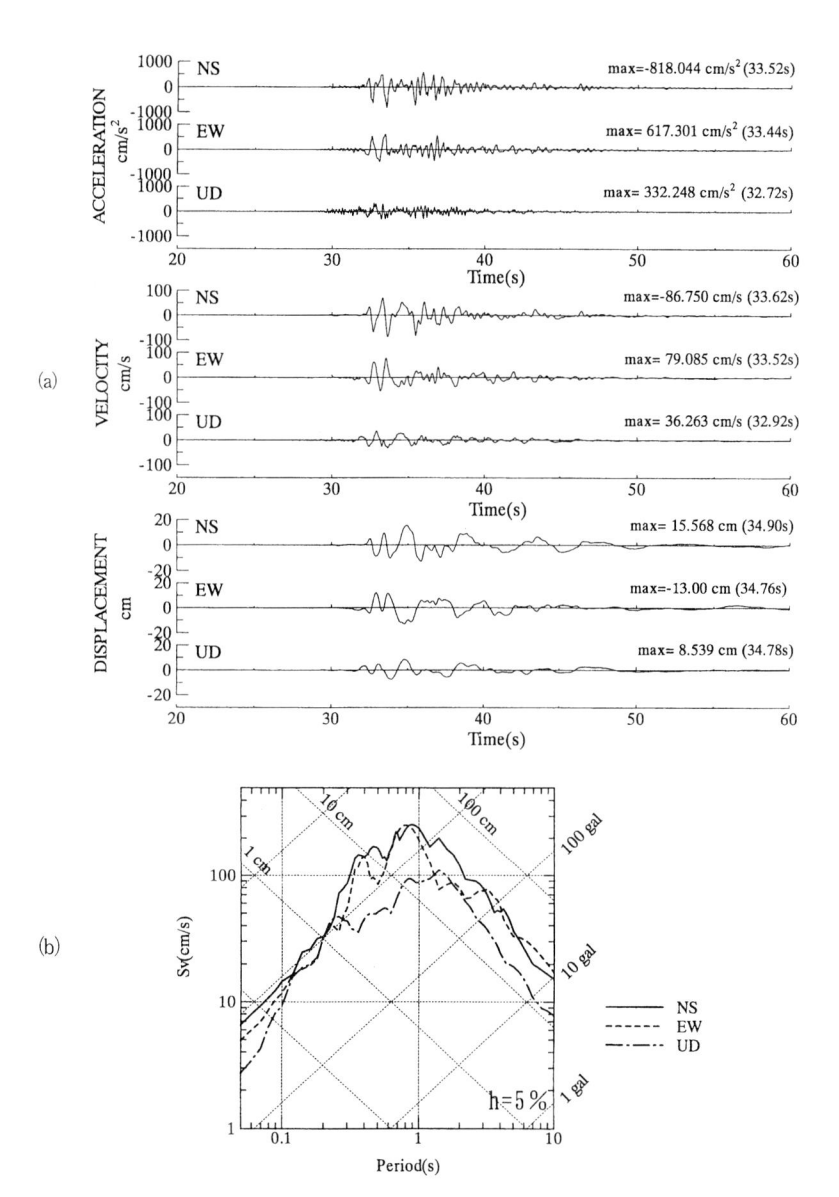

図 2.8 神戸海洋気象台における 1995 年兵庫県南部地震の(a)強震計記録と(b)相対速度応答スペクトル($h=0.05$ を採用)[8]
強震計記録は上から順に加速度,速度,変位.NS,EW,UD はそれぞれ南北,東西,上下方向の成分である.図の採録については東京大学地震研究所工藤一嘉助教授のご教示をいただいた.

を定義して，それぞれ相対変位応答スペクトル，相対速度応答スペクトル，絶対加速度応答スペクトルとよぶ．また，これらを総称して地震応答スペクトル(seismic response spectrum)とよぶ．

地震応答スペクトル図では，h をパラメータとして横軸に固有周期 T を，縦軸に上記のスペクトルを両対数グラフにとるのが一般的である．図2.8には，1995年1月17日に神戸市に大災害をもたらした兵庫県南部地震の強震計記録と相対速度応答スペクトル図の一例[8]を示す．図では相対加速度，相対変位スペクトルも同時に見られるように工夫されている．厳密には加速度と変位応答スペクトルをそれぞれ別個に計算すべきであるが，地震工学の分野では近似的なアプローチとして，1枚の相対速度応答スペクトル図で代用する．

最小2乗法とは

ガウス(Karl F. Gauss；1777-1855)による最小2乗法の発見は，18世紀の終わりにさかのぼる．その後ガウスは最小2乗法の原理の確率論的基礎を築き，計算技術を開発した．

最小2乗法の理論は観測誤差 ε が統計的に正規分布(ガウス分布(Gaussian distribution)ともいう)に従うことに基礎をおいている．正規分布は一般的に，確率密度関数(probability density function)の形式

$$p(\varepsilon) = (2\pi\sigma)^{-1}\exp\left\{\frac{-(\varepsilon-\mu)^2}{2\sigma^2}\right\}$$

で表される．ここに，μ は ε の平均値，σ^2 は分散(covariance)，σ をとくに標準偏差という．

いま N 個の観測値があり，その誤差 ε_n ($n=0, 1, 2, \cdots, N-1$) がそれぞれ独立に $p(\varepsilon_n)$ の確率密度をとるならば，全体としての確率密度関数は

$$P(\varepsilon) = \prod_{n=0}^{N-1} p(\varepsilon_n) = (2\pi\sigma)^{-N}\exp\left\{-\sum_{n=0}^{N-1}\frac{(\varepsilon_n-\mu)^2}{2\sigma^2}\right\}$$

となる．N が大きい値をとるときに，確率論的にもっとも"起こりやすい"ケースは $P(\varepsilon)$ が最大になるときに実現する．それは $\sum(\varepsilon_n-\mu)^2$ が最小となるときにほかならない．誤差の2乗和を最小にするという条件は，このような確率論的な概念に基づいている．

微分方程式(2.24)の多段解法

1階微分方程式の高精度数値解法の1つ．$t=(r+n)\Delta t$ とおき，t にかわって r を用いる．t の範囲 $n\Delta t \leq t \leq (n+1)\Delta t$ は $0 \leq r \leq 1$ に相当する．まず $f(t)$ を r の3次式により表す．

$$f(t) = f(n) + r\nabla f(n) + \frac{r(r+1)}{2}\nabla^2 f(n) + \frac{r(r+1)(r+2)}{6}\nabla^3 f(n)$$

ここに

$$\left.\begin{array}{l}\nabla f(n) = f(n) - f(n-1) \\ \nabla^2 f(n) = \nabla f(n) - \nabla f(n-1) \\ \nabla^3 f(n) = \nabla^2 f(n) - \nabla^2 f(n-1)\end{array}\right\}$$

とおく.

ここで範囲 $n\varDelta t \leq t \leq (n+1)\varDelta t$ についての $f(t)$ の積分 $F(n)$ は

$$\begin{aligned}F(n) &= \int_{n\varDelta t}^{(n+1)\varDelta t} f(t)\,dt = \varDelta t \int_0^1 f(t)\,dr \\ &= \varDelta t\left\{f(n) + \frac{1}{2}\nabla f(n) + \frac{5}{12}\nabla^2 f(n) + \frac{3}{8}\nabla^3 f(n)\right\} \\ &= \frac{\varDelta t}{24}\{55f(n) - 59f(n-1) + 37f(n-2) - 9f(n-3)\}\end{aligned}$$

と求められる. $g(t)$ についても同様に $G(n)$ が得られる.

さて(2.24)第1式の左辺の積分は

$$\int_{n\varDelta t}^{(n+1)\varDelta t} \frac{df(t)}{dt}\,dt = f(n+1) - f(n)$$

である. 一方, 右辺の積分は $aF(n) + bG(n)$ となるので, 両辺の積分は

$$f(n+1) = f(n) + aF(n) + bG(n)$$

となる. 同様に(2.24)第2式についても

$$g(n+1) = g(n) + \alpha F(n) + \beta G(n)$$

が得られる. この2式が, $f(n) \sim f(n-3)$ と $g(n) \sim g(n-3)$ を知って $f(n+1)$ と $g(n+1)$ を予測する式にほかならない.

参 考 文 献

1) "国立防災科学技術センター:伊豆半島東方沖の群発地震・火山活動に伴う傾斜変動. 地震予知連絡会会報, **43**, 273-289, 1990."
   国立防災科学技術センターは現在の独立行政法人防災科学技術研究所.

2) 数多い最小2乗法の解説書の中でも
   "田島 稔・小牧和雄:最小二乗法の理論とその応用, 東洋書店, pp. 477, 1986."
   は大著である. 測量学分野への応用をめざしているが, 解説は平易で懇切, 測量学に限らず最小2乗法の習得に適している.

3) ラプラス変換による微分方程式の解法については数多くの参考書がある. 例えば
   "山口勝也:詳解ラプラス変換演習, 日本理工出版会, pp. 132, 1981."
   "水本久夫:ラプラス変換入門, 森北出版, pp. 152, 1984."

"布川　昊：ラプラス変換と常微分方程式，昭晃堂，pp. 220，1987."
4)　"防災科学技術研究所：長岡における積雪観測資料(14)(1989.11～1990.4)．防災科学技術研究所研究資料，**145**，1-15，1990."
5)　"友田好文：散る花と地震と．科学，**66**，726-729，1996."
6)　これらのデータについてはつぎの論文に引用されている．
　　　"古本宗充・川上紳一：地球システムとリズム；白亜紀スーパープリュームを例として．月刊地球，**15**，42-47，1993."
7)　ルンゲ-クッタ法は多くの参考書に詳解されている．例えば
　　　"山本哲朗・北川高嗣：数値解析演習，サイエンス社，pp. 184，1991."
　　　"洲之内治男：数値計算，サイエンス社，pp. 152，1978."
　　　"伊理正夫・藤野和建：数値計算の常識，共立出版，pp. 184，1985."
　　とくに地震波の解析については
　　　"岡本舜三：耐震工学，オーム社，pp. 480，1971."
　　　"岡本舜三：建設技術者のための振動学，第 2 版，オーム社，pp. 246，1976."
8)　"日本建築学会兵庫県南部地震特別研究委員会・日本建築学会近畿支部耐震構造研究部会：1995 年兵庫県南部地震強震記録資料集，1996 年 1 月."
　　なお 1996 年以降の強震計データは半年ごとにまとめられ，防災科学技術研究所自然災害研究データ室から "Kyoshin Net CD-ROM" および URL "http://www.k-net.bosai.go.jp" により公開されている．

3 サイクルシステムを解く

　地球上のいろいろな元素や物質は，長い時間をかけて地球の深部から浅部まで循環している．火成作用を通してマントルから地殻上部に入った元素や物質は，陸水を介して海洋へ流れ込み，沈殿して堆積物となり，変成作用を通して再び地殻を構成する．この元素や物質の旅は「地球化学サイクル(geochemical cycle)」とよばれる．また，繰り返し発生する地震のような現象も一種のサイクルシステムと考えられる．本章ではサイクルシステムへの数理的アプローチを通して，地球科学的諸現象を解明する方法を模索していく．

3.1　システムを数理化する

(1)　放射性元素の自然崩壊システム

　地球化学サイクルのもっとも簡単な例題として，放射性元素の自然崩壊のシステム化を試みる．自然崩壊のプロセスでは，放射性の親元素は長い時間をかけて娘元素に変身する．いま物質創成の時点を $t=0$ にとる．また時間 t における親元素の質量配分比を $f_1(t)$，娘元素のそれを $f_2(t)$ とする．$t=0$ の時点ではまだ娘元素は生成されず，100％親元素により占められていたと仮定できるので，初期状態は

$$f_1(0)=1, \quad f_2(0)=0$$

により表せる．

　親元素は時間とともに減少し，かわって娘元素が増加する．しかし時間に関係なく質量不変の法則は成立しているので，親元素と娘元素の質量比を加え合わせれば 100％ となる．すなわち

$$f_1(t)+f_2(t)=1 \tag{3.1}$$

が成立する．

$f_1(t)$ については微分方程式

$$\frac{df_1(t)}{dt} = -\lambda f_1(t) \tag{3.2}$$

を満足することがわかっている．この解は初期状態を考慮して容易に

$$f_1(t) = f_1(0) e^{-\lambda t} = e^{-\lambda t} \tag{3.3}$$

と導ける．放射性崩壊の場合，減衰定数 λ をとくに崩壊定数とよぶ．

一方，$f_2(t)$ が満足する微分方程式はどうであろうか．(3.1) を t について微分すれば

$$\frac{df_1(t)}{dt} + \frac{df_2(t)}{dt} = 0$$

であるから，これに (3.2) を代入することにより

$$\frac{df_2(t)}{dt} = \lambda f_1(t) \tag{3.4}$$

を得る．これが $f_2(t)$ が満足する微分方程式であり，その解は

$$f_2(t) = 1 - e^{-\lambda t} \tag{3.5}$$

となることがわかる．

初期状態ではすべてが親元素であったが，終末の状態では親元素が完全消滅し，かわって娘元素が100%を占める．それは (3.3) と (3.5) において $t \to \infty$ とおけば

$$f_1(\infty) = 0, \quad f_2(\infty) = 1$$

となることからも明らかである．この状態になると，自然崩壊はもうこれ以上進行しない．つまり定常状態 (stationary state) に達する．

さて，微分方程式 (3.2) と (3.4) を差分方程式に書き換えてみよう．それは整数 n を用いて $t = n\Delta t$ とおくことにより

$$\left. \begin{array}{l} f_1(n+1) = f_1(n)(1-\lambda \Delta t) \\ f_2(n+1) = \lambda \Delta t f_1(n) + f_2(n) \end{array} \right\} \tag{3.6}$$

と書ける．

第1式はつぎに述べるようなプロセスを示している．時間 t の時点において質量比が $f_1(n)$ であった親元素は，$t \sim t+\Delta t$ の間に $\lambda \Delta t$ の比率で放射性崩壊して $f_1(n+1)$ になる．一方，第2式は $t \sim t+\Delta t$ の間に親元素の減少分だけ娘元素が増加することを示している．このプロセスをフローチャートに表したものが図3.1である．親元素から娘元素へ変遷するという単純なプロセスではあるが，1つのまとまりのあるシステムを構成している．

状態 n から $n+1$ に遷移するプロセスを，行列 (matrix) により表すと理解しや

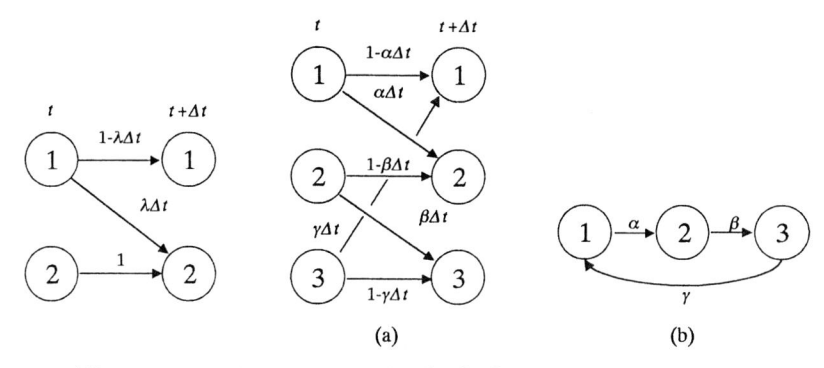

図 3.1 時間 $t \sim t+\varDelta t$ における親元素①から娘元素②への遷移を表すフローチャート

図 3.2 物質①, ②, ③の間の遷移を表すフローチャート (a)時間 $t \sim t+\varDelta t$ における遷移, (b)とくに時間を指定しない場合.

すい. (3.6)を行列により表すと

$$\begin{pmatrix} f_1(n+1) \\ f_2(n+1) \end{pmatrix} = \begin{pmatrix} 1-\lambda\varDelta t & 0 \\ \lambda\varDelta t & 1 \end{pmatrix} \begin{pmatrix} f_1(n) \\ f_2(n) \end{pmatrix} \quad (3.7)$$

となる.この式は,時間 t における親元素と娘元素の配分を表す列ベクトルから,時間 $t+\varDelta t$ における列ベクトルへの変換を与える.

2つの列ベクトルを結合する正方行列を遷移行列(transition matrix)とよび,列ごとの要素の和は1になるという特徴をもつ.時間 t における列ベクトルを入力, $t \sim t+\varDelta t$ におけるそれを出力と考えるならば,遷移行列はシステム化された伝達関数とみなすことができる.

(2) **3要素システムをモデル化する**

つぎに要素を3種類に増して考察を行ってみる.この場合は親元素と娘元素を引き合いに出せないので,物質①,②,③とよぶことにする.しかも今回はフローチャート図3.2(a)に示すような多少とも複雑なシステムを導入する.つまり物質①は②へ,②は③へ遷移するのは前例と同様であるが,③の一部が再び①へ戻るプロセスを付け加える.(a)では時間 $t \sim t+\varDelta t$ における遷移を表しているが,とくに時間を指定する必要がない限り,(b)のようなフローチャートを用いることが多い.

この場合の差分方程式は図3.2(a)を参照して

$$\left.\begin{aligned}f_1(n+1) &= f_1(n)(1-\alpha\varDelta t) + \gamma\varDelta t f_3(n)\\ f_2(n+1) &= \alpha\varDelta t f_1(n) + f_2(n)(1-\beta\varDelta t)\\ f_3(n+1) &= \beta\varDelta t f_2(n) + f_3(n)(1-\gamma\varDelta t)\end{aligned}\right\} \qquad (3.8)$$

とすることができる．その行列による表示は

$$\begin{pmatrix}f_1(n+1)\\f_2(n+1)\\f_3(n+1)\end{pmatrix} = \begin{pmatrix}1-\alpha\varDelta t & 0 & \gamma\varDelta t\\ \alpha\varDelta t & 1-\beta\varDelta t & 0\\ 0 & \beta\varDelta t & 1-\gamma\varDelta t\end{pmatrix}\begin{pmatrix}f_1(n)\\f_2(n)\\f_3(n)\end{pmatrix} \qquad (3.9)$$

である．

初期状態を $f_1(0)=1$, $f_2(0)=f_3(0)=0$ とすると，T を (3.9) に与えられる遷移行列として

$$\begin{pmatrix}f_1(1)\\f_2(1)\\f_3(1)\end{pmatrix} = T\begin{pmatrix}1\\0\\0\end{pmatrix} = \begin{pmatrix}1-\alpha\varDelta t\\ \alpha\varDelta t\\ 0\end{pmatrix}$$

$$\begin{pmatrix}f_1(2)\\f_2(2)\\f_3(2)\end{pmatrix} = T\begin{pmatrix}f_1(1)\\f_2(1)\\f_3(1)\end{pmatrix} = \begin{pmatrix}(1-\alpha\varDelta t)^2\\ \alpha\varDelta t\{2-(\alpha+\beta)\varDelta t\}\\ \alpha\beta(\varDelta t)^2\end{pmatrix}$$

のように，つぎつぎと時間ステップ $\varDelta t$ を上げて計算を進めることができる．

定常状態 $(t\to\infty)$ では時間によらず状態は不変であるので

$$\left.\begin{aligned}f_1(n) &= f_1(n+1) = f_1(\infty)\\ f_2(n) &= f_2(n+1) = f_2(\infty)\\ f_3(n) &= f_3(n+1) = f_3(\infty)\end{aligned}\right\}$$

でなくてはならない．それは (3.8) の任意の 2 式から得られ

$$\left.\begin{aligned}\frac{f_2(\infty)}{f_1(\infty)} &= \frac{\alpha}{\gamma}\\ \frac{f_3(\infty)}{f_1(\infty)} &= \frac{\alpha}{\beta}\end{aligned}\right\}$$

となる．これを質量保存則

$$f_1(\infty) + f_2(\infty) + f_3(\infty) = f_1(0) = 1$$

に代入することにより，定常状態として

$$\begin{pmatrix}f_1(\infty)\\f_2(\infty)\\f_3(\infty)\end{pmatrix} = \frac{1}{\alpha^{-1}+\beta^{-1}+\gamma^{-1}}\begin{pmatrix}\alpha^{-1}\\ \beta^{-1}\\ \gamma^{-1}\end{pmatrix} \qquad (3.10)$$

を得る．すなわち，初期状態 $(t=0)$ では物質 ① が 100% を占め，物質 ② と ③ は 0% であったものが，時間の経過とともに次第に ② と ③ が生成され，最終的には

定常状態として(3.10)の配分に収まることが示される.

3.2 地球化学サイクルを解く

(1) Na サイクルをたどる

4要素システムの例題として，Na の循環を図 3.3(a)に示すボックスモデル (box model)に基づいて考えてみる[1]．地殻 ① の岩石中に含まれる Na は，造山作用を通して陸地 ② へ移動する．陸地は地殻の一部であるので，両者を分けるのに抵抗感があるが，ここでは地殻表層部を「陸地」として別扱いする．ついで Na は陸水とともに海洋 ③ に流れ込み，沈殿して海底堆積物 ④ の中に移る．浸食作用を受けた陸地の物質が直接海底に堆積する ②→④ のプロセスもある．プレート運動により地殻内部に引きずり込まれた海底堆積物は変成作用を受けて地殻の岩石に変身する．このプロセスに伴って，Na は ④ から ① へ戻ることになる．また，Na の循環サイクル図 3.3(a)に対応するフローチャートを(b)に示す．

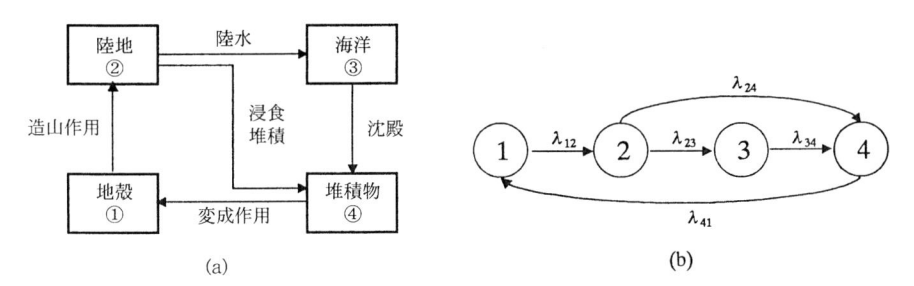

図 3.3 (a) Na の循環ボックスモデルと(b) Na の循環フローチャート

図に記入してある遷移レートを用いて遷移行列 T を求めれば，つぎのようになる．

$$T=\begin{pmatrix} 1-\lambda_{12}\Delta t & 0 & 0 & \lambda_{41}\Delta t \\ \lambda_{12}\Delta t & 1-(\lambda_{23}+\lambda_{24})\Delta t & 0 & 0 \\ 0 & \lambda_{23}\Delta t & 1-\lambda_{34}\Delta t & 0 \\ 0 & \lambda_{24}\Delta t & \lambda_{34}\Delta t & 1-\lambda_{41}\Delta t \end{pmatrix} \quad (3.11)$$

また，定常状態はつぎのように求められる．

$$\left.\begin{array}{l}\dfrac{f_2(\infty)}{f_1(\infty)}=\dfrac{\lambda_{12}}{\lambda_{23}+\lambda_{24}} \\[2mm] \dfrac{f_3(\infty)}{f_1(\infty)}=\dfrac{\lambda_{12}\lambda_{23}}{\lambda_{34}(\lambda_{23}+\lambda_{24})} \\[2mm] \dfrac{f_4(\infty)}{f_1(\infty)}=\dfrac{\lambda_{12}}{\lambda_{41}}\end{array}\right\} \tag{3.12}$$

ここに

$$\dfrac{1}{f_1(\infty)}=1+\lambda_{12}\left\{\dfrac{1}{\lambda_{41}}+\dfrac{\lambda_{23}+\lambda_{34}}{\lambda_{34}(\lambda_{23}+\lambda_{24})}\right\} \tag{3.13}$$

である.

さて,Na の循環サイクルを具体的に計算してみよう.まず循環レートは概略的に

$$\left.\begin{array}{l}\lambda_{12}=\lambda_{23}=\lambda_{41}=0.01\ [\text{My}^{-1}] \\ \lambda_{24}=\lambda_{34}=0.1\ [\text{My}^{-1}]\end{array}\right\}$$

程度と見積もられる.陸地のNaが,1年間に世界中の河川から海に運ばれる量の見積りを根拠にした数値である.浸食,堆積,沈殿作用は他の移動に比較して10倍も速いことを仮定している.$\Delta t=1$ [My] を選ぶこととし,かつ初期状態を

$$f_1(0)=1,\qquad f_2(0)=f_3(0)=f_4(0)=0$$

とする.すなわち,地殻とマントルが分離した地球誕生の初期に,すべてのNaが地殻に凝集していたとの仮定から出発する.

与えられた数値を用い,時間ステップ1[My]ごとに計算を進める.計算結果を図3.4に示す.200[My]も経過すると,だいたい定常状態に収束することがわかる.定常状態では

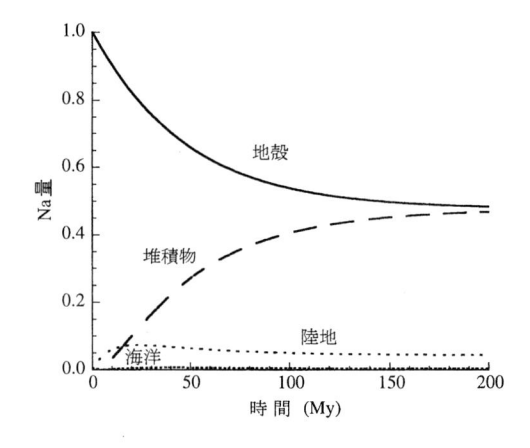

図 3.4 Na サイクルにおける配分比の推移

$$f_1(\infty) \fallingdotseq 0.48, \quad f_2(\infty) \fallingdotseq 0.04, \quad f_3(\infty) \fallingdotseq 0.004, \quad f_4(\infty) \fallingdotseq 0.48$$

の配分比となる.簡単なモデルではあるが,海洋③のNa量が増大することなく,小さく抑えられるという結論は興味深い.海水中の塩分が今後どんどんと濃くなって,ついには魚も住めなくなるといった状態にはならないらしい.海洋は塩分の溜まり場ではないのである.

Naの循環モデルでは,地球化学的な根拠はないまま,遷移レートの数値を天下り的に与えた.地球システム科学として,このやり方は正しいアプローチではない.まず現在を定常状態と仮定したうえで,地球化学的なデータに基づいて配分比をできる限り正確に見積もる.そのうえで各遷移レートの数値を決めなくてはならないであろう.

(2) 放射性元素の移動を追う

マントル①から地殻下部②を経て,地殻上部③にいたる微量元素の移動に注目する.とくに放射性元素であるときには,親元素から娘元素への放射性崩壊も加わる.きわめて簡単なモデルであるが,地球の初期状態では,ある種の放射性元素は①に濃集していたと仮定する.それが時間の経過とともに放射性崩壊を続けながら,マグマの上昇とともに②から③へと移動するプロセスを考える.

崩壊定数を λ,①→② および ②→③ の移動レートをそれぞれ μ_{12} および μ_{23} とすれば,親元素の濃度間に成立する微分方程式はつぎのようである.

$$\left. \begin{aligned} \frac{df_1(t)}{dt} &= -\lambda f_1(t) - \mu_{12} f_1(t) \\ \frac{df_2(t)}{dt} &= -\lambda f_2(t) + \mu_{12} f_1(t) - \mu_{23} f_2(t) \\ \frac{df_3(t)}{dt} &= -\lambda f_3(t) + \mu_{23} f_2(t) \end{aligned} \right\} \quad (3.14)$$

また娘元素の濃度間では,それぞれの移動レートを ν_{12} および ν_{23} として

$$\left. \begin{aligned} \frac{dg_1(t)}{dt} &= -\lambda f_1(t) - \nu_{12} g_1(t) \\ \frac{dg_2(t)}{dt} &= -\lambda f_2(t) + \nu_{12} g_1(t) - \nu_{23} g_2(t) \\ \frac{dg_3(t)}{dt} &= -\lambda f_3(t) + \nu_{23} g_2(t) \end{aligned} \right\} \quad (3.15)$$

が成立する.

いま,親元素の移動のみに着目する.(3.14)の解析解は初期条件 $f_1(0)=1$,

$f_2(0) = f_3(0) = 0$ により

$$\left.\begin{array}{l}f_1(t) = \exp\{-(\lambda+\mu_{12})t\} \\ f_2(t) = \dfrac{\mu_{12}}{\mu_{12}-\mu_{23}}[\exp\{-(\lambda+\mu_{23})t\}-\exp\{-(\lambda+\mu_{12})t\}] \\ f_3(t) = 1 - f_1(t) - f_2(t)\end{array}\right\} \quad (3.16)$$

と求めることができる.とくに $\mu_{12} = \mu_{23}(=\mu)$ のときには

$$\left.\begin{array}{l}f_1(t) = \exp\{-(\lambda+\mu)t\} \\ f_2(t) = \mu t \exp\{-(\lambda+\mu)t\} \\ f_3(t) = 1 - f_1(t) - f_2(t)\end{array}\right\} \quad (3.17)$$

となる.

親元素として U^{238} を例にとってみる.まず含有量であるが,地殻上部の岩石中には 5×10^{-6} [g/g],下部には 0.5×10^{-6} [g/g],マントルには 0.02×10^{-6} [g/g] 程度存在する.また,①,②,③ の質量比は地球全体のそれぞれ約 0.4%,0.4%,67.8% であるから,現在の濃度比は概略的に見積もって $f_1(t)=0.4$, $f_2(t)=0.1$, $f_3(t)=0.5$ としてよいであろう.

さて,簡単なモデルとして (3.17) を採用する.まず,第1式と第2式から $\mu t = 0.25$ を得る.したがって $\lambda t \fallingdotseq 0.67$ となる.U^{238} の崩壊定数は $\lambda \fallingdotseq 0.15\times 10^{-9}$ [yr^{-1}] であるから,初期状態から現在までの時間は $t \fallingdotseq 4.5\times 10^9$ [yr],つまり地球の年齢 45 億年に等しくなる.地球の誕生時に地殻はまだ分化していなかったといわれればそれまでであるが,なにはともあれ面白い結果である.

3.3 CO_2 サイクルを考える

(1) 微分方程式化する

人類が化石燃料を大量に消費した結果,大気中の CO_2 濃度は飛躍的に増大の一途をたどっている.CO_2 濃度の増大は温室効果を通して気温を上昇させ,地球の環境変化を招くものと懸念され始めた.このような理由から,近年 CO_2 の循環は自然科学の領域だけではなく,社会的にも大きな関心事となりつつある.

人類起源の大気中 CO_2 の放出量は,化石燃料使用量の統計からかなり正確に見積もられている(図 3.5(a))[2].ここ 100 年間の増加量は大きく,最近では年間放出量は炭素量に換算して 10 [Gt C](炭素量ギガトン:1 Gt C$=10^9$ ton)に近づいた.その結果,図 3.5(b) に示すように大気中の CO_2 濃度も増加の一途をたどってきた.図中の単位 [ppmv] は体積百分率で,大気中 CO_2 濃度 1 [ppmv] は 2.1 [Gt C]

3.3 CO_2 サイクルを考える

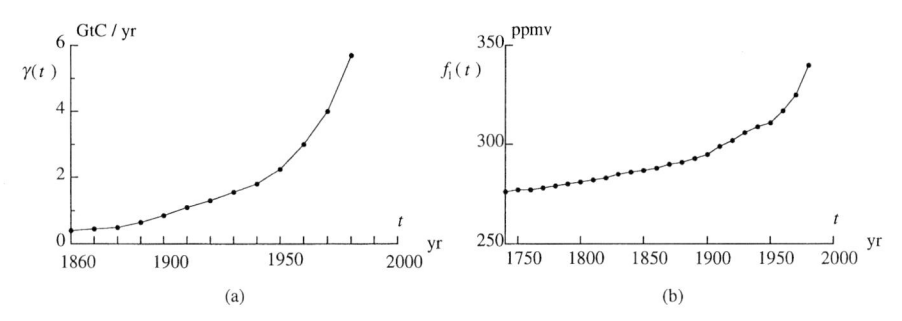

図 3.5 (a)世界の CO_2 排出量の時間的推移[単位:Gt C/yr]と(b)大気中 CO_2 濃度の時間的推移[単位:ppmv][2]

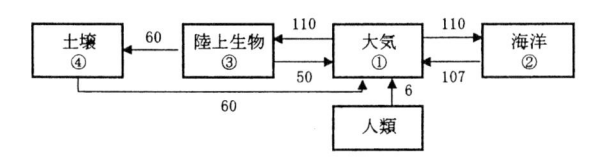

図 3.6 CO_2 の循環[3]
フラックスの数字は炭素移動レート[Gt C/yr]

に相当する.

では図 3.6 に示すボックスモデル[3]に従って考察を進める.このモデルは大気①を中心とした炭素サイクルで,一方の枝として海洋②,他方の枝として陸上生物③および土壌④をおく.フラックスの数値の単位は[Gt C/yr]である.

任意の時間 t におけるボックス①~④内の炭素量をそれぞれ $f_1(t)$~$f_4(t)$ とし,また①→②,③→④などの移動レートをそれぞれ λ_{12}, λ_{34} などと記す.このとき,システムを表す微分方程式はつぎのようにまとめられる.

$$\left.\begin{aligned}
\frac{df_1(t)}{dt} &= -(\lambda_{12}+\lambda_{13})f_1(t) + \lambda_{21}f_2(t) + \lambda_{31}f_3(t) + \lambda_{41}f_4(t) + \gamma(t) \\
\frac{df_2(t)}{dt} &= \lambda_{12}f_1(t) - \lambda_{21}f_2(t) \\
\frac{df_3(t)}{dt} &= \lambda_{13}f_1(t) - (\lambda_{31}+\lambda_{34})f_3(t) \\
\frac{df_4(t)}{dt} &= \lambda_{34}f_3(t) - \lambda_{41}f_4(t)
\end{aligned}\right\}$$

(3.18)

ここに,$\gamma(t)$ は大気中炭素放出量の時間変化で,(3.18)は $\gamma(t)$ を入力,$f_1(t)$~$f_4(t)$ を出力とする入出力システムであることを示している.

さて，①→③→④ のフラックスを考えてみる．図3.6の数値によれば

$$\left.\begin{array}{l}\lambda_{13}f_1(t)=\lambda_{31}f_3(t)+\lambda_{41}f_4(t)\\ \lambda_{34}f_3(t)=\lambda_{41}f_4(t)\end{array}\right\} \quad (3.19)$$

が成立している．すなわち，①→③→④ 間では炭素量のバランスがとれている．この関係を考慮すると，(3.18)は

$$\left.\begin{array}{l}\dfrac{df_1(t)}{dt}=-\lambda_{12}f_1(t)+\lambda_{21}f_2(t)+\gamma(t)\\ \dfrac{df_2(t)}{dt}=\lambda_{12}f_1(t)-\lambda_{21}f_2(t)\end{array}\right\} \quad (3.20)$$

と簡単化できる．つまり，大気 ① と海洋 ② 間のサイクルだけを考慮すれば事足りることになる．

図3.6のフラックスの数値によれば

$$\lambda_{12}f_1(t)-\lambda_{21}f_2(t)=110-107=3 \text{ [Gt C/yr]}$$

である．$\gamma(t)=6$ [Gt C/yr]であるから，人類起源の炭素は ① と ② 中に年間それぞれ 3 [Gt C/yr]ずつ蓄えられることになる．②へ吸収される 3 [Gt C/yr]が，いわゆる「ミシングシンク(missing sink)」とよばれる量にあたる．以上のことから，$df_1(t)/dt = df_2(t)/dt = 3$ [Gt C/yr]となることがわかる．

(2) 予測式をたてる

では，図3.5(a), (b)のデータを用いて①→② 間の炭素量収支を確かめてみよう．

(3.20)の両辺をそれぞれ加え合わせ，ある基準の時点 t_0 から t まで積分すると

$$f_1(t)+f_2(t)=f_1(t_0)+f_2(t_0)+\int_{t_0}^{t}\gamma(\tau)d\tau \quad (3.21)$$

となる．$t_0=1860$ 年にとり，図3.5(a)のデータより(3.21)右辺の積分を数値的に求める．また，$f_1(t)-f_1(t_0)$は図3.5(b)のデータにより既知であるから，大気圏外への炭素移動量 $f_2(t)-f_2(t_0)$ を求めることができる．図3.7がその計算結果である．一般に大気中 CO_2 残存量の方が移動量より大きいが，1950〜1970 年頃には両折れ線がほとんど一致している．すなわちこの時期には，大気中 CO_2 放出量の約 50％ が大気圏外に吸収されることを意味する．正確な見積りによれば，この量は 42％ とされる[2]．

ついで $f_1(t)$ の予測式を求めるのであるが，$f_2(t_0)$ の値が不明のままでは(3.20)の第1式から予測式はたてられない．そこで

$$\lambda_{21}f_2(t)=\mu+\nu f_1(t) \quad (3.22)$$

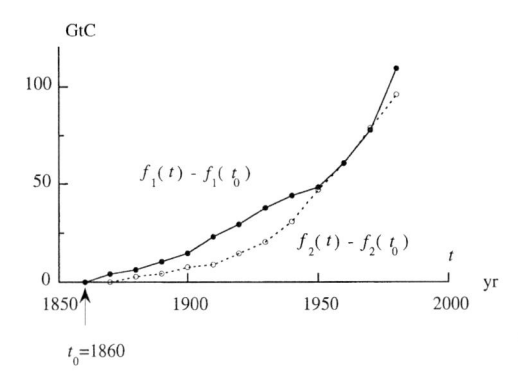

図 3.7 1860年を基準とした大気中 CO_2 残留量と移動量

なる関係を仮定して，(3.20)の第1式を

$$\frac{df_1(t)}{dt} = -\lambda f_1(t) + \mu + \gamma(t) \tag{3.23}$$

と簡単化する．ここに，μ と ν は定数項であって $\lambda = \lambda_{12} - \nu$ とする．①→②の移動量が増加すれば，②→①のそれも増加すると考えるのは自然である．(3.22)の成立にはこのような考えが基本にある．

結果として得られた(3.23)の差分式［単位：ppmv］

$$f_1(t + \Delta t) = (1 - 0.0192 \Delta t) f_1(t) + \Delta t \{0.476 \gamma(t) + 5.52\} \tag{3.24}$$

は $f_1(1860) = 288$ [ppmv] より始めて，1980年までの大気中 CO_2 濃度を ± 2 [ppmv] 以内で予測することができる．

CO_2 循環に関しては，多くの高度化されたモデルが提案されている[4]．これに対して(3.24)はあまりにも簡単な予測式であるが，重要な2つの観測データ $\gamma(t)$ と $f_1(t)$ を効果的に結びつける関係式という点で役立つものと思われる．単純な式で記述できるという事実は，CO_2 循環が単純なプロセスであることを示しているのではないだろうか．

(3) CO_2 排出をコントロールする

いま，(3.24)を用いて大気中 CO_2 排出コントロールの効果を見積もってみたい．この式は，1980年までのデータに基づいている．現時点で気の抜けた話であるが，ここでは1980年以後の状態を未知と仮定して計算を進める．

まず最初のモデルとして，1980年以後は勾配一定のまま炭素放出量が未来にわたって継続するものと仮定する．このとき，$\gamma(1980) = 5.70$ [Gt C/yr] および $\gamma'(1980) = 0.205$ [Gt C/yr^2] を用いて

$$\gamma(t) = 5.70 + 0.205(t - 1980)$$

が成立する．応答として予測された大気中 CO_2 の濃度変化を図 3.8 中の (a) に与える．濃度は増加の一途をたどり，2100 年には現在の 2 倍を超える．

第 2 のモデルは，1980 年以降の年間炭素放出量が一定の場合である．このときは $\gamma(t) = \gamma(1980) = 5.70$ [Gt C] を用いる．計算された大気中 CO_2 濃度の変動を図 3.8 中の (b) に示す．濃度は，わずかではあるが増加し続ける．最後に 1980 年の時点で人類はいっさい CO_2 の放出を中止する，すなわち，$t \geq 1980$ 年の範囲で $\gamma(t) = 0$ という非現実的なモデルを採用する．計算結果を図 3.8 中の (c) に示す．2100 年には 19 世紀末のレベルにまで濃度は減少する．

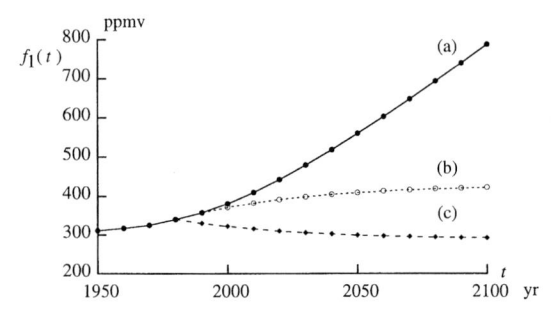

図 3.8 CO_2 排出コントロールの成果
1980 年以降の大気中炭素放出量が，
(a) 1980 年の勾配を維持するとき，
(b) 1980 年の放出量を維持するとき，
(c) 0 となるとき．

これらのモデル計算の結果は，CO_2 排出の重大な影響を示唆している．排出コントロールが効果的に実施されたとしても，現実にはモデル (a) と (b) の中間型に落ち着くであろう．すなわち，2100 年には大気中 CO_2 濃度は現在の 2 倍近くなるに違いない．地球温暖化は海面上昇をはじめ多くの環境災害を招くと予想され，その対策は人類の急務である．

3.4 地震予知に挑む

(1) いろいろな確率モデル

確率法則に支配されながら時間とともに変動する現象を，確率過程 (stochastic process) という．いま時間の経過とともに n 個の事象が起こるものとする．このとき，$n-1$ 番目の事象が起こる確率 (probability) を入力，n 番目の事象が起こる確率を出力とする入出力システムを考える．n 番目の事象が起こる確率を $P_n(t)$ により表せば，入出力システムは $n \geq 1$ のとき微分方程式

3.4 地震予知に挑む

$$\frac{dP_n(t)}{dt} = -\lambda_n P_n(t) + \lambda_{n-1} P_{n-1}(t) \tag{3.25}$$

により表すことができる.とくに $n=0$ のとき

$$\frac{dP_0(t)}{dt} = -\lambda_0 P_0(t) \tag{3.26}$$

となる.

このシステムを初期条件

$$P_0(0) = 1, \quad P_n(0) = 0 \quad (n \geq 1)$$

のもとに解いてみる.まず(3.26)の解は

$$P_0(t) = \exp(-\lambda_0 t) \tag{3.27}$$

となることは容易にわかる.ついで

$$P_1(t) = \frac{\lambda_0}{\lambda_1 - \lambda_0} \{\exp(-\lambda_0 t) - \exp(-\lambda_1 t)\} \tag{3.28}$$

を得る.以下同様にして

$$P_n(t) = \lambda_{n-1} \int_0^t P_{n-1}(\tau) \exp\{-\lambda_n(t-\tau)\} d\tau \tag{3.29}$$

を解けばよい.

特別な場合の確率モデルとして,λ_n を n によらず一定値 λ とする.このとき

$$P_0(t) = \frac{(\lambda t)^n}{n!} \exp(-\lambda t) \tag{3.30}$$

となる.これをとくにポアソン過程(Poisson process)とよぶ.

また,$\lambda_n = n\lambda$ の場合をユール過程(Yule process)とよぶ.$n=0$ で $\lambda_0=0$ となってしまうので,初期状態 $P_m(t)$ ($m \geq 1$)から始める.このとき支配する微分方程式は

$$\left.\begin{array}{l} \dfrac{dP_m(t)}{dt} = -m\lambda P_m(t) \\[2mm] \dfrac{dP_n(t)}{dt} = -n\lambda P_n(t) + (n-1)\lambda P_{n-1}(t) \quad (n \geq m+1) \end{array}\right\} \tag{3.31}$$

である.この解は

$$\left.\begin{array}{l} P_m(t) = \exp(-m\lambda t) \\[2mm] P_n(t) = \dfrac{(n-1)!}{(m-1)!(n-m)!} \exp(-m\lambda t)\{1-\exp(-\lambda t)\}^{n-m} \end{array}\right\} \tag{3.32}$$

となる.この式は統計学で続発性現象に応用するポリア-エッゲンベルガー分布(Pólya-Eggenberger distribution)に相当する.

(2) 事象はいつ起こるか

いま，時点 0 から 0 番目の事象が起こるまでの時間を T_0 とする．T_0 の分布関数 $F_0(t)$ は，時間 $0 \sim t$ の間に 1 回も起こらない確率に等しいから

$$F_0(t) = 1 - P_0(t) = 1 - \exp(-\lambda_0 t) \tag{3.33}$$

である．$F_0(t)$ の確率密度(probability density)を $f_0(t)$ とすると，それは

$$f_0(t) = \frac{dF_0(t)}{dt} = \lambda_0 \exp(-\lambda_0 t) \tag{3.34}$$

であるので，T_0 の期待値はつぎのように求められる．

$$E[T_0] = \int_0^\infty t f_0(t)\, dt = \frac{1}{\lambda_0} \tag{3.35}$$

同じく時点 0 から 1 番目の事象が起こるまでの時間を T_1 とするとき，T_1 の分布関数は

$$F_1(t) = 1 - P_0(t) - P_1(t) = 1 - \frac{1}{\lambda_1 - \lambda_0}\{\lambda_1 \exp(-\lambda_0 t) - \lambda_0 \exp(-\lambda_1 t)\} \tag{3.36}$$

であるから，その確率密度は

$$f_1(t) = \frac{\lambda_0 \lambda_1}{\lambda_1 - \lambda_0}\{\exp(-\lambda_0 t) - \exp(-\lambda_1 t)\} \tag{3.37}$$

となる．したがって T_1 の期待値は

$$E[T_1] = \int_0^\infty t f_1(t)\, dt = \frac{1}{\lambda_0} + \frac{1}{\lambda_1} \tag{3.38}$$

となる．一般に時点 0 から n 番目の事象が発生するまでの時間の期待値は

$$E[T_n] = \sum_{k=0}^{n} \frac{1}{\lambda_k} \tag{3.39}$$

となることがわかる．

ポアソン過程では

$$E[T_n] = \frac{n}{\lambda}$$

またユール過程ならば

$$E[T_n] = \frac{1}{\lambda} \sum_{k=m}^{n} \frac{1}{k}$$

となる．

(3) 地震発生時を予測する

ある限られた地域に，つぎつぎと大規模な地震活動が集中して起こることがあ

3.4 地震予知に挑む

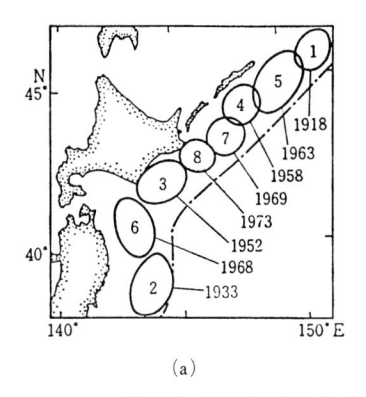

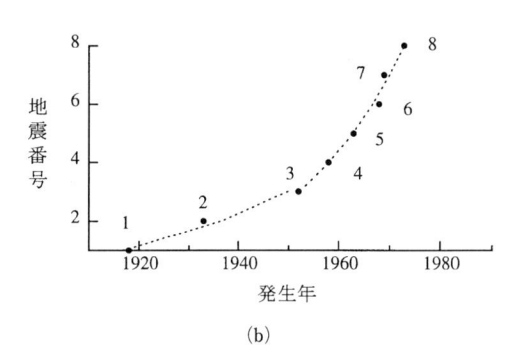

図 3.9 1918年から1973年にかけて北海道東方沖に発生した一連の地震活動 (a)地震発生順の番号と震源域，(b)地震発生年と地震番号，地震発生の時間間隔は次第に短くなる傾向を示す[5]．

る．「大地震の続発性」とよばれる現象である．図3.9(a)は，1918年から1973年にかけて北海道東方沖につぎつぎと発生した地震活動を示す．震源域は相互に重複することなく埋め尽くされ，最後に残った空白域に8番目の地震(1973年根室半島沖地震)が発生した．しかもこれらの地震発生の時間間隔は，次第に短くなる傾向にあった(図3.9(b))[5]．

地震の発生間隔が次第に短くなる現象は，ポアソン過程では説明がつかない．ここでは，一連の地震発生をユール過程により説明する．結果としてn番目の地震発生時の期待値は

$$E[T_n] = \begin{cases} 1876.6 + \dfrac{1}{0.0250}\sum_{k=1}^{n}\dfrac{1}{k} & (1 \leq n < 3) \\ 1909.2 + \dfrac{1}{0.0426}\sum_{k=1}^{n}\dfrac{1}{k} & (n \geq 3) \end{cases}$$

と求められる．計算値を図3.9(b)に点線により描いているが，実際の発生とほとんど一致する．つまり，ユール過程が有効に現象を説明することが示された．

地震に限らず，一般に破壊現象を確率論的に取り扱うとき，λをハザードレート(hazard rate)とよぶ．基本となるハザードレートが求められれば，上式により地震発生時を予測することができる．8番目の地震が発生する直前の1973年5月に，衆議院予算委員会に出席を求められた当時東京大学地震研究所の力武常次教授は，地震発生がもっとも切迫している地域として「根室沖と東海沖」の2箇所を挙げた．その根拠は空白域の存在であって，ハザードレートではない．根室沖は結果として「予知成功」であったが，一方の東海沖の空白域にはまだ地震が起

こっていない．

(4) 地震活動のサイクルとともに

図3.9に紹介した一連の地震活動はサイクル現象ではない．しかし長い目で見ると，一連の地震活動が終結すると，静穏期を挟んで再び同様な地震活動を繰り返す．つまり，地震活動は活動期と静穏期とを交互に繰り返す一種のサイクル現象である．実のところ，図3.9の範囲内で1994年に北海道東方沖地震が発生した．前記した8番目の地震発生から21年を経過している．もしもこれをつぎのサイクルの始まりとするならば，$\lambda=1/21\fallingdotseq 0.0476$ [yr^{-1}]となり，これをもとに2番目の地震発生の期待値を単純に計算すると2005年となる．しかし本当につぎのサイクルが始まったのか否か保証の限りではない．

1703年元禄地震から1923年関東地震までの220年間に，東京(江戸)は数多くの被害地震に襲われた．なかでも1855年安政江戸地震と1894年明治東京地震は顕著な被害地震である．図3.10は東京(江戸)で震度Ⅴ相当以上の揺れを感じた地震[6]について，図3.9と同様に発生年と地震番号との関係を示したものである．

この図から読めることは，220年間に3回のサイクルが繰り返されたことである．しかも1つのサイクルは大地震の発生で終わるのではなく，その余震活動の終結で終わる．1923年関東地震の広義の余震活動は，1931年西埼玉地震で終結した．以来すでに約70年を経過した現在，東京の地震危険度は次第に高まりつつある．関東地震のような巨大地震発生はまだまだ先のことであるが，東京直下型の地震発生はかなり切迫していると見なければならない．

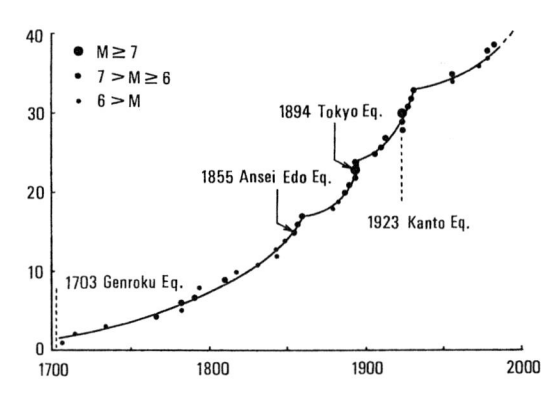

図3.10 1703年元禄地震以降の東京(江戸)における震度Ⅴ相当以上の揺れを感じた地震(発生年と地震番号)[6]
元禄地震から1923年関東地震の余震活動の終息まで，3回の地震活動サイクルが見られる．

---- **ワイブル解析** ----

ハザードレートを時間の関数とするワイブル解析(Weibull analysis)では
$$\lambda(t) = Kt^m \qquad (K>0, m>-1)$$
とおく．その確率関数は
$$F(t) = 1 - \exp\left(-\frac{Kt^{m+1}}{m+1}\right)$$
となる．

　たいへん便利な方法であるので，破壊検査や品質管理などに広く用いられる．地震活動や前兆現象の解析にも応用される[7]．しかし m が整数値をとるとは限らないので，K の次元が不明である．このため物理モデルとの対応がつけられないという欠点がある．

参 考 文 献

1) Na サイクルについては
   "島津康男：地球内部物理学，裳華房，pp.394，1966．"
   に紹介されている．また一般に地球化学サイクルに関しては
   "鹿園直建：地球システムの化学，東京大学出版会，pp.320，1997．"
2) 多くの参考書やデータブックに紹介されている．例えば
   "樽谷　修(編)：地球環境科学，朝倉書店，pp.184，1995．"
   "不破敬一郎(編著)：地球環境ハンドブック，朝倉書店，pp.656，1994．"
3) 図 3.6 は
   "角皆静男：炭素などの物質循環と大気環境．科学，**59**，593-601，1989．"
   の原図を簡単化したもので，上記の"地球環境ハンドブック"にも引用がある．
4) CO_2 循環モデルに関しては，例えば
   "田中正之：二酸化炭素のモデリング．気象研究ノート，日本気象協会，99-120，1987．"
5) "茂木清夫：地震活動と地震予知．地震予知研究シンポジウム(1976)，203-214，1976．"
   "笠原慶一・杉村　新(編)：変動する地球——現在および第四紀，地球科学 10，岩波書店，pp.296，1987．"
6) "宇津徳治(総編集)：地震の事典，朝倉書店，pp.584，1987．"
7) 地震発生のワイブル解析は例えば
   "萩原幸男・糸田千鶴：1854 年安政東海地震に先行する 1780-1853 年南関東地震活動のワイブル確率分析．日本大学文理学部自然科学研究所「研究紀要」，**28**，45-48，1993．"

地震前兆現象のワイブル解析の成果をまとめた本としては
"力武常次：予知と前兆，近未来社，pp.244，1998."

4 相関関係を調べる

　2つの波形データの対応関係を調べるもっとも一般的な数理解析法に，相互相関関数(cross-correlation function)がある．対応関係は目で見ればある程度のことはわかるので，何も数理解析法に頼ることはないと思うかもしれない．しかし判別に個人差が入らないという点，あるいはさらに複雑なケースにも応用できるという点で数理解析法は優れている．これに対して，単独の波形データについて求める相関関数が自己相関関数(auto-correlation function)である．この関数は，波形データの時系列としての特性を表すのに適している．これら2種類の相関関数の特性を活かしながら，地球科学への応用を試みるのが本章のねらいである．

4.1 時間平均，アンサンブル平均とは

　相関関数に入る前に，平均値(average value)について述べておきたい．平均値には大きく分けて2通りの定義がある．第1の定義は時間平均(time average)とよばれる定義で，時間 t の関数 $f(t)$ について，$0 \leq t < T$ の範囲においてつぎのように定義される．

$$\overline{f(t)} = \frac{1}{T} \int_0^T f(t)\,dt \tag{4.1}$$

$f(t)$ が T の周期で変化する場合はこの定義のままでよいが，一般には T はきわめて大きい値をとるものとして

$$\overline{f(t)} = \lim_{T \to \infty} \frac{1}{T} \int_{-T/2}^{T/2} f(t)\,dt \tag{4.2}$$

と定義する．なお本書では，関数記号の上につけたバーにより平均値を表す．$\overline{f(t)}$ には t の記号がついているが，t の関数でないことに注意しなければならない．

区間を $N(=T/\Delta t)$ 等分して N 個のディジタルデータを $f(n)$ $(n=0,1,2,\cdots,N-1)$ とする。このとき(4.1)に対応する平均値は

$$\overline{f(n)} = \frac{1}{N}\sum_{n=0}^{N-1} f(n) \tag{4.3}$$

となる。(4.2)に対応して，$N\to\infty$ の場合も同様に定義することができる。

時間平均に対して，統計に基づいた平均値を考えることもできる。$f(t)$（あるいは $f(n)$）を t（あるいは n）に無関係に寄せ集め，f の大きさ（振幅：amplitude）の順に再配列するものとする。大きさが $f\sim f+\Delta f$ の間にある確率を $p(f)\Delta f$ とするとき，f の平均値は

$$E[f] = \int_{f_{\min}}^{f_{\max}} f p(f)\,df \tag{4.4}$$

として与えられる。ここに，$f_{\min}$ は区間内での f の最小値，$f_{\max}$ は最大値である。また，$p(f)$ は f の確率密度にあたる。このように定義される平均を，アンサンブル平均(ensemble average)という。アンサンブル平均は，f の期待値(expected value)という意味で $E[f]$ と記すことにする。

時間平均とアンサンブル平均とは等しい。これを図4.1に従って説明しよう。(a)は時間平均の説明図である。$t\sim t+\Delta t$ の細長い面積を全区間 T にわたってすべて加え合わせれば，(4.1)の積分に等しくなる。この積分を T で割ったものが平均値である。一方，(b)では $\Delta t_1, \Delta t_2, \Delta t_3, \Delta t_4$ はいずれも $f\sim f+\Delta f$ に対応する時間間隔である。もしこれらの幅が十分に小さければ，$(\Delta t_1+\Delta t_2+\Delta t_3+\Delta t_4)/T$ は f が $f\sim f+\Delta f$ の間の値となる確率，つまり $p(f)\Delta f$ に等しくなる。f が $f_{\min}\sim f_{\max}$ の範囲をすべてカバーするとき，斜線の部分は全面積をおおう。このようにして一般的に，(4.4)の積分は(4.1)に等しいことがわかる。

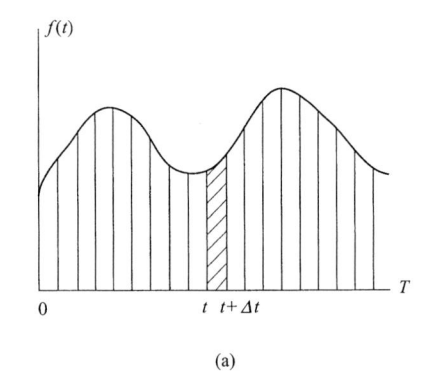

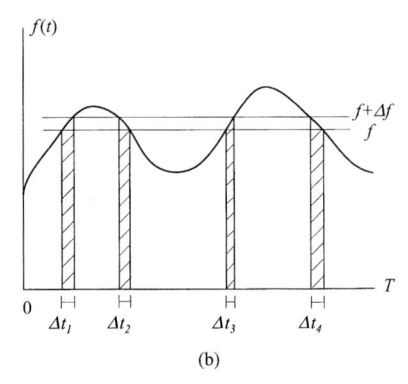

図 4.1　(a)時間平均と(b)アンサンブル平均

例題として,$f(t)=\sin(\pi t/T)$ $(0\leq t<T)$ について時間平均とアンサンブル平均とが等しいことを確かめてみよう. 時間平均は簡単に

$$\overline{f(t)} = \frac{1}{T}\int_0^T \sin\left(\frac{\pi t}{T}\right) dt = \frac{2}{\pi}$$

である. 一方, アンサンブル平均はつぎのようにして求められる. まず

$$df = \frac{\pi}{T}\cos\frac{\pi t}{T} dt = \frac{\pi}{T}\sqrt{1-f^2}\, dt$$

であるから

$$\frac{dt}{T} = \frac{df}{\pi\sqrt{1-f^2}}$$

となる. $f \sim f+df$ が対応する領域は, $0\leq t<T/2$ と $T/2\leq t<T$ の2箇所なので

$$p(f)\, df = \frac{2df}{\pi\sqrt{1-f^2}}$$

となり, したがって f のアンサンブル平均は

$$E[f] = \frac{2}{\pi}\int_0^1 \frac{f}{\sqrt{1-f^2}}\, df = \frac{2}{\pi}$$

となって時間平均に等しい.

4.2 時系列の相関を求める

(1) 相互相関関数と自己相関関数

2つの時系列 $f(t)$ と $g(t)$ がある. いま $f(t)$ は $0\leq t<T$ の範囲に限定されているのに対して, $g(t)$ は十分にこの範囲をカバーするものとする. このとき2つの時系列の対応関係を与える相互相関関数は

$$\phi_{fg}(\tau) = \frac{1}{T}\int_0^T f(t)g(t+\tau)\, dt \tag{4.5}$$

により定義される. すなわち, $f(t)g(t+\tau)$ の時間平均にほかならない. 図4.2はこのときの $f(t)$ と $g(t+\tau)$ との対応関係を示している. なお, (4.5)において $g(t)$ にかわって $f(t)$ とおくとき

$$\phi_{ff}(\tau) = \frac{1}{T}\int_0^T f(t)f(t+\tau)\, dt \tag{4.6}$$

が自己相関関数である. これは τ について偶関数(even function)である.

ディジタルデータ $f(n)$ と $g(n)$ の場合には, $t=m\Delta t$ および $T=N\Delta t$ とおいて, (4.5)と(4.6)をつぎのように書き改めることができる.

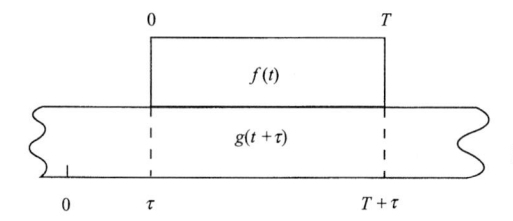

図4.2 有限長データ $f(t)$ と無限長データ $g(t)$ の相関関数の対応関係

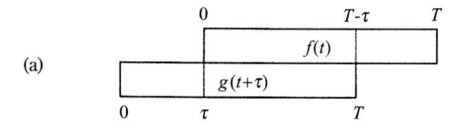

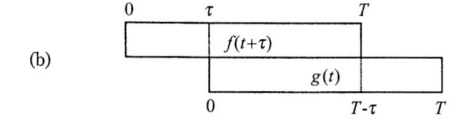

図4.3 2つの有限長データ $f(t)$ と $g(t)$ の相関関数の対応関係

$$\phi_{fg}(n) = \frac{1}{N}\sum_{m=0}^{N-1} f(m)g(m+n) \tag{4.7}$$

$$\phi_{ff}(n) = \frac{1}{N}\sum_{m=0}^{N-1} f(m)f(m+n) \tag{4.8}$$

なお，(4.5)と(4.6)はともに積分を T で割っているし，また(4.7)と(4.8)はともに N で割っているが，割らない相関関数の定義もあるので注意を要する．

$f(t)$ と $g(t)$ がともに $0 \leq t < T$ の範囲に限定されているときには，相互相関関数はどのように書けるであろうか．このときの対応関係は図4.3(a), (b)に示すように，それぞれ

$$\phi_{fg}(\tau) = \begin{cases} \dfrac{1}{T-\tau}\int_0^{T-\tau} f(t)g(t+\tau)\,dt \\ \dfrac{1}{T-\tau}\int_0^{T-\tau} f(t+\tau)g(t)\,dt \end{cases} \tag{4.9}$$

となる．ディジタル型の場合はつぎのようになる．

$$\phi_{fg}(\tau) = \begin{cases} \dfrac{1}{N-n}\sum_{m=0}^{N-n-1} f(m)g(m+n) \\ \dfrac{1}{N-n}\sum_{m=0}^{N-n-1} f(m+n)g(m) \end{cases} \tag{4.10}$$

(2) 相関行列

　既知の入力と出力を用いて，伝達関数を求める方法を相関関数の視点から見直してみよう．伝達関数 $h(n)$ を介して $f(n)$ と $g(n)$ がそれぞれ入力と出力であるとき

$$g(n) = \sum_{m=0}^{M-1} h(m) f(n-m) \tag{4.11}$$

が成り立つ．最小2乗法を用いて $h(m)$ を定めるものとすれば，それを定める連立1次方程式は行列の形式でつぎのように書ける．

$$\begin{pmatrix} \sum f^2(n) & \sum f(n)f(n-1) & \cdots & \sum f(n)f(n-M+1) \\ \sum f(n)f(n-1) & \sum f^2(n-1) & \cdots & \sum f(n-1)f(n-M+1) \\ \vdots & \vdots & & \vdots \\ \sum f(n)f(n-M+1) & \sum f(n-1)f(n-M+1) & \cdots & \sum f^2(n-M+1) \end{pmatrix}$$
$$\times \begin{pmatrix} h(0) \\ h(1) \\ \vdots \\ h(M-1) \end{pmatrix} = \begin{pmatrix} \sum f(n)g(n) \\ \sum f(n-1)g(n) \\ \vdots \\ \sum f(n-M+1)g(n) \end{pmatrix} \tag{4.12}$$

　時系列が過渡現象のとき，$n<0$ の範囲では $f(n)=0$ と仮定してよいし，また現象が終わってしまえば，その後は再び $f(n)=0$ の状態が続くとしてよい．そのようなときには相関関数を導入して

$$\left.\begin{aligned} &\sum f^2(n) = \sum f^2(n-1) = \cdots = \sum f^2(n-M+1) = N\phi_{ff}(0) \\ &\sum f(n)f(n-1) = \sum f(n-1)(n-2) = \cdots = \sum f(n-M+2)f(n-M+1) \\ &\quad = N\phi_{ff}(1) \\ &\quad \cdots\cdots \\ &\sum f(n)g(n) = N\phi_{fg}(0) \\ &\sum f(n-1)g(n) = N\phi_{fg}(1) \\ &\quad \cdots\cdots \end{aligned}\right\}$$

などが成り立つ．したがって連立方程式(4.12)を

$$\begin{pmatrix} \phi_{ff}(0) & \phi_{ff}(1) & \cdots & \phi_{ff}(M-1) \\ \phi_{ff}(1) & \phi_{ff}(0) & \cdots & \phi_{ff}(M-2) \\ \vdots & \vdots & & \vdots \\ \phi_{ff}(M-1) & \phi_{ff}(M-2) & \cdots & \phi_{ff}(0) \end{pmatrix} \begin{pmatrix} h(0) \\ h(1) \\ \vdots \\ h(M-1) \end{pmatrix} = \begin{pmatrix} \phi_{fg}(0) \\ \phi_{fg}(1) \\ \vdots \\ \phi_{fg}(M-1) \end{pmatrix} \tag{4.13}$$

と書き直すことができる．左辺の正方行列の各要素は自己相関関数，右辺の列ベクトルのそれは相互相関関数である．このように，相関関数を要素とする行列を

相関行列(correlation matrix)という.

(3) 指数関数モデルの相関行列

入出力システムが指数関数モデルのときには，差分方程式(2.8)
$$g(n+1) = \alpha g(n) + \beta f(n)$$
の係数 α と β を求める．このとき，係数を未知数とする連立方程式はつぎのようになる．すなわち

$$\left.\begin{array}{l} \alpha\phi_{gg}(0) + \beta\phi_{fg}(0) = \phi_{gg}(1) \\ \alpha\phi_{fg}(0) + \beta\phi_{ff}(0) = \phi_{fg}(1) \end{array}\right\} \quad (4.14)$$

である．

4.3 実例により相関を求める

(1) デンバー地震

1962年米国コロラド州デンバーでのことである．軍関係の工場が廃液処理のため深さ3800 m の井戸を掘り，廃液を圧入したところ，群発地震が起こり始めた．大規模なダムの貯水や地下核実験でも，地震が誘発されることがある．このような人為的な原因で誘発される地震を総称して誘発地震[1]という．誘発地震の中で

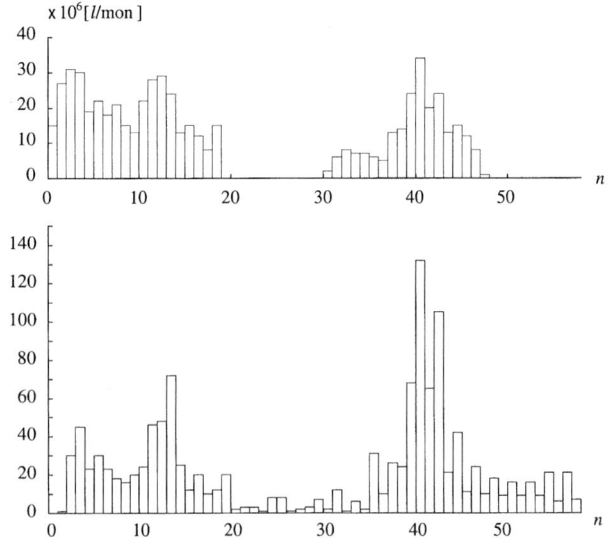

図 4.4 デンバー地震の注水量(上段)と発生した地震数(下段)

4.3 実例により相関を求める

もデンバー地震をとくに有名にしたのは，図 4.4 に見られるように廃液の注入量と地震数との間に明瞭な相関があることである．

では実際のデータに基づいて相関関係を調べてみよう．1962 年 3 月〜1966 年 12 月の期間について，毎月の注入量を入力 $f(n)$ [単位：10^6 litter/month]，対応する地震発生数を出力 $g(n)$ とする．計算の結果，得られた自己相関関数を図 4.5(a)に示す．ともに $n=0$ の関数値が 1.0 となるように正規化されている．自己相関関数は $|n|$ の増加とともに指数関数的に減少し，縦軸に関して左右対称，すなわち偶関数である．

これに対して，相互相関関数は図 4.5(b)のように偶関数ではない．このケースでは極大は $n=0$ にあるが，相関値は $n>0$ の範囲で相対的に大きい．このことは，入力(廃液の注入)が出力(地震発生)の原因であることを示している．例えば今日の降水量は明日の湧水量に影響しても，昨日の湧水量とは無関係である．すなわち入力は，その時点より未来の出力と相関をもっても，過去の出力とは相関をもたない．このように，相互相関関数による解析は，2 種類のデータのいずれが原因か結果かを判別するのに有効な方法である．

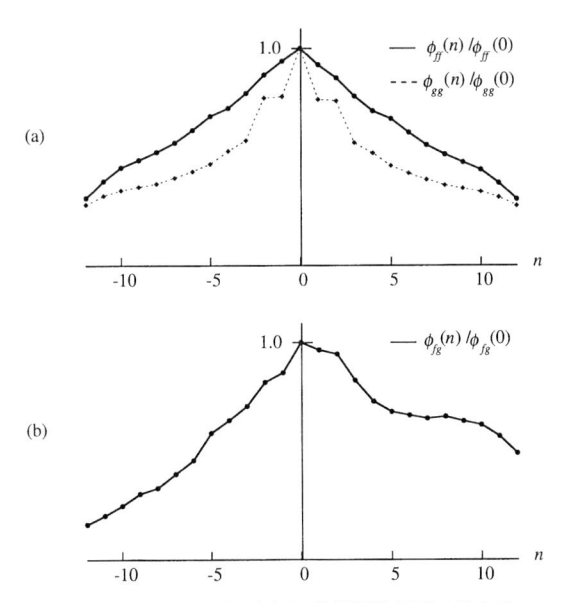

図 4.5 デンバー地震の(a)自己相関関数(実線は注水量，点線は地震数)と(b)相互相関関数

(2) 「アジと地震」に再び挑む

2章で伊豆半島東方沖におけるアジの漁獲量と地震発生数について取り扱った．そこではいずれが原因か結果か判別がつかなかった．相関解析によってこの問題に再度挑戦してみよう．2章と同様に n を日単位とし，アジの毎日の漁獲量を入力 $f(n)$ [単位：ton]，地震数を出力 $g(n)$ とする．

図 4.6(a)は自己相関関数，(b)は相互相関関数である．このケースでは相互相関関数の極大値は $n=1$ に位置するが，$n=0$ においても 0.9 程度の大きい値を示すので，$n=0 \sim 1$ の間で相関が高いと結論できる．とにかく $n>0$ の範囲に偏って相関が大きいことは，アジの漁獲量の増加が地震の先行現象であることを教えてくれる．しかもアジは1日以内に発生する地震を予知することになる．おそらく，地震に先行して発生する地殻の微小破壊音を聞きつけてアジが集まるのかもしれない．動物が地震を予知する話[2]は本当のことらしい．

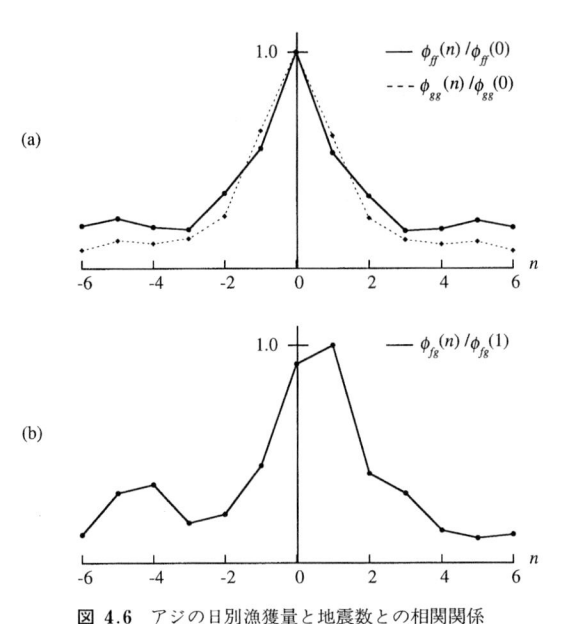

図 4.6 アジの日別漁獲量と地震数との相関関係
(a) 自己相関関数(実線は日別漁獲量，点線は地震数)，
(b) 相互相関関数．

4.4 対応関係を調べる

(1) 地層の対応

相関関数は数量的なデータだけではなく，地層名（あるいは岩石名）を記載したボーリング柱状図のような定性的なデータにも適用できる．ボーリング孔の深さ方向を時間に置き換えれば，深さ方向のデータを時系列とみなすことができる．したがって位置的に近接した複数のボーリングデータがあれば，データ間で相関解析を実施することが可能となる．

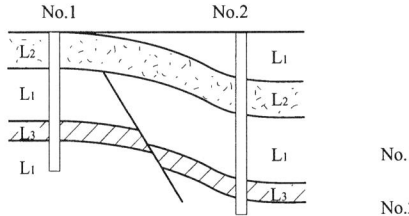

図 4.7 地質断面モデルとボーリングデータ

例えば図4.7のような2本のボーリングについて深さ方向を n とし，それぞれの地層データを $f(n)$ および $g(n)$ により表す．いま，ボーリング No.1 が深さ m の位置で地層 L_i を切るとき $f(m) = L_i$ と記す．一方，ボーリング No.2 が深さ $n+m$ において地層 L_j を切るとき $g(n+m) = L_j$ と記す．このとき

$$f(m)g(m+n) = L_i L_j = \begin{cases} 1 & : i = j \\ 0 & : i \neq j \end{cases} \quad (4.15)$$

と定義する．すなわち同じ地層どうしならば1，相互に異なる地層ならば0を与える．このようにして m に関する和(4.7)をとれば，相互相関関数は数量的な値に変身する．この値が極大値をとるときに，両ボーリング地点の地層間の対応がもっともよくなる．

実例について相関解析を試みる．図4.8(a)の $f(n)$ は東京都板橋区志村，$g(n)$ は北区浮間のボーリングデータ[3]（深さ250 m）で，2地点間の水平距離は約2 kmである．おもに砂，粘土，砂利の互層よりなる．得られた相互相関関数を図4.8(b)に示す．互層という地層の周期性が相関値にいくつかの極大をつくっているが，なかでも $n=2$（深さの差にして10 m）の極大値が大きい．この位置で両ボーリングデータがもっともよく対応するものと考える．図4.8(a)の両データ間の点線は，この対応関係を示す．

厚い堆積層が一様に続く平野部に，複数本のボーリング孔が一直線上に配列し

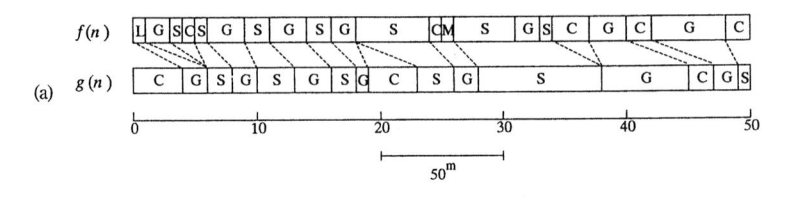

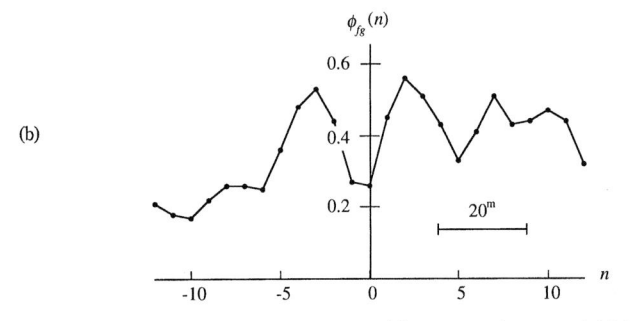

図 4.8 東京都板橋区志村と北区浮間の(a)ボーリングデータと(b)相互相関関数
L：ローム層，G：砂利，S：砂，C：粘土，M：泥岩．

ていると仮定する．任意の1本を基準にとり，基準から水平距離 x の位置に他のボーリング孔があるとき，ボーリングデータ間の相互相関関数の極大値を $\phi_m(x)$ と表すものとする．完全に一様な地層ならば，相互相関関数は距離によらないはずであるが，通常のケースには，距離とともに少しずつ相関が悪くなっていく．近似的には

$$\phi_m(x) = \phi_m(0) e^{-\lambda|x|} \tag{4.16}$$

が成立するであろう．ここに，$\phi_m(0)$ は基準ボーリングデータの自己相関関数の極大値である．著者の一人[4]は，新潟県中条ガス田の数本のボーリングデータについてこの計算を試み，相関関数の極大値 $\phi_m(x)$ が x に対して指数関数的に減少することを確かめた．距離による減衰パラメータは $\lambda=4.3\times10^{-4}$ [m^{-1}] と求められた．

ボーリング地質図の対応関係は，単純な地層ならば，目で見れば簡単に判別がつく．多少複雑でも，地質の専門家なら難なく判別する．なにも相互相関関数の登場を待つ必要はないと思うであろう．しかし数量化するという努力は，さらに複雑なケースへの挑戦を可能にするかもしれない．対応関係がついたとしても，(4.16)の減衰パラメータの値は相関解析によらなければ求められない．とにかく，このようなアプローチは，非数量的な現象や状態へ向けて，地球システム解析の適用性を広げる重要な糸口を与えることであろう．

(2) 地磁気データの対応

ボーリングデータには，相互に対応のつく箇所もあれば，対応のつかない箇所もある．地層が一様に堆積している限り，データの間に明瞭な対応が期待されるが，不整合や断層が介在すれば，2本のデータ間に連続性が失われる．また一様な堆積層であっても，必ずしも平行層とは限らず，場所によっては地層の厚さが異なる．このような場合には，データ全体の相関をとるのではなく，一方のデータを短い区間に分割して，その区間が他方のどこに一番よく対応するかを調べる方がよい．つまり，区間ごとに相関関数が極大値を示す箇所を探すことにより，対応関係を見出すのである．このように短い区間の相関関数を，短時間相関関数(short-time correlation function)とよぶ．

さて堆積速度が一定であれば，堆積の深さが年代の古さを示すはずであるが，実際には一定ではない．そこで，ボーリング試料の磁気測定により試料の堆積年代を求めるにはつぎの方法をとる．あらかじめ標準的な地磁気の年代変化曲線を決めておき，それとの対応関係を見出すことにより，ボーリング試料の深度と年代の関係を決定する．標準曲線は噴火年代のわかった火山灰層や C^{14} などにより，堆積年代が厳密に決定されているからである．図 4.9 は，福井県水月湖の堆積物から得られた偏角の深さ変化(a)と西南日本の偏角の標準曲線(b)である．水月湖の偏角変化から目立った特徴を抜き出して，標準曲線のどの場所ともっとも対応がよくなるかを調べる．対応の決まった深さの年代から，その他の深さの年代を推定することになる．

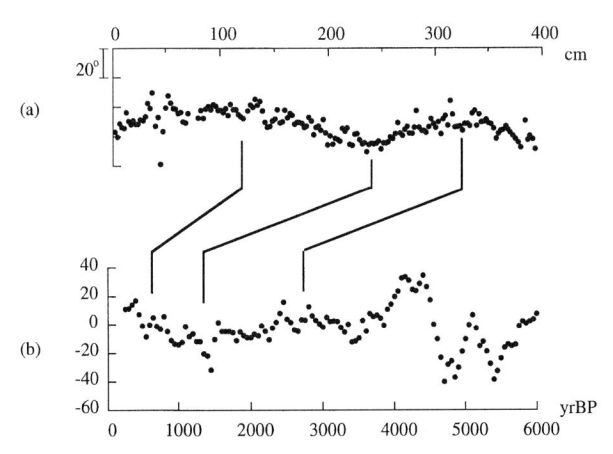

図 4.9　福井県水月湖の堆積物から復元した偏角(a)と西南日本の偏角変化の標準曲線(b)の対応

4.5 相関関数で未来を予測する

(1) 予測の方程式

　入力と出力との関係を与える伝達関数を求めることは,相関行列を解くことにほかならない.入力を原因,出力を結果とすれば,相関行列は原因と結果を関係づける作用をする.そこでもう一歩踏み込んで,過去数日の結果として明日の姿が生まれるものとすれば,相関行列は過去から未来を予測する作用をもつともいえる.

　今日,昨日,一昨日の測定値をそれぞれ $f(n)$, $f(n-1)$, $f(n-2)$ とし,明日の予測値を $f(n+1)$ により表す.いま簡単なモデルとして,これらの測定値の間に

$$f(n+1) = \alpha f(n) + \beta f(n-1) + \gamma f(n-2)$$

が成り立つものとする.3個の係数 α, β, γ が決まれば,この式を用いて,今日を含む過去3日間の測定値から明日の測定値を予測することが可能となろう.

　予測値と計算値との差の2乗和を最小にするという条件のもとに,3個の係数を決定するものとすれば,これらの係数はつぎの連立1次方程式を満足する.

$$\begin{pmatrix} \phi_{ff}(0) & \phi_{ff}(1) & \phi_{ff}(2) \\ \phi_{ff}(1) & \phi_{ff}(0) & \phi_{ff}(1) \\ \phi_{ff}(2) & \phi_{ff}(1) & \phi_{ff}(0) \end{pmatrix} \begin{pmatrix} \alpha \\ \beta \\ \gamma \end{pmatrix} = \begin{pmatrix} \phi_{ff}(1) \\ \phi_{ff}(2) \\ \phi_{ff}(3) \end{pmatrix}$$

一般に (M, M) 型の行列の場合には

$$\begin{pmatrix} \phi_{ff}(0) & \phi_{ff}(1) & \cdots & \phi_{ff}(M-1) \\ \phi_{ff}(1) & \phi_{ff}(0) & \cdots & \phi_{ff}(M-2) \\ \vdots & \vdots & & \vdots \\ \phi_{ff}(M-1) & \phi_{ff}(M-2) & \cdots & \phi_{ff}(0) \end{pmatrix} \begin{pmatrix} h(0) \\ h(1) \\ \vdots \\ h(M-1) \end{pmatrix} = \begin{pmatrix} \phi_{ff}(1) \\ \phi_{ff}(2) \\ \vdots \\ \phi_{ff}(M) \end{pmatrix} \quad (4.17)$$

を解かなければならない.しかし M が大きい値をとるときでも,この型の方程式は比較的簡単に解くことができる.

　明日の予測に対して,μ 日先を予測することも可能である.伝達関数の項数を M とすれば,このときの入出力関係は

$$f(n+\mu) = \sum_{m=0}^{M-1} h(m) f(n-m) \quad (4.18)$$

と書くことができる.これまでと同様に,誤差の2乗和を最小にするとの条件で伝達関数を定めるものとすれば,それはつぎの連立1次方程式を満たす.

$$\begin{pmatrix} \phi_{ff}(0) & \phi_{ff}(1) & \cdots & \phi_{ff}(M-1) \\ \phi_{ff}(1) & \phi_{ff}(0) & \cdots & \phi_{ff}(M-2) \\ \vdots & \vdots & & \vdots \\ \phi_{ff}(M-1) & \phi_{ff}(M-2) & \cdots & \phi_{ff}(0) \end{pmatrix} \begin{pmatrix} h(0) \\ h(1) \\ \vdots \\ h(M-1) \end{pmatrix} = \begin{pmatrix} \phi_{ff}(\mu) \\ \phi_{ff}(\mu+1) \\ \vdots \\ \phi_{ff}(\mu+M-1) \end{pmatrix} \tag{4.19}$$

なお，μ の値を大きくとるような予測の計算では，過去の十分に長い期間にわたった測定データが必要であることはいうまでもない．

(2) **御前崎の沈降**

静岡県掛川市と御前崎の間で実施される年4回の水準測量[6]によれば，御前崎は経年的に沈降を続けている．これはフィリピン海プレートの沈み込みに伴う継続的な地殻変動であって，「東海地震」の発生とともに隆起することが予想される．図 4.10(a) は 1990 年以降の御前崎の沈降を示す．約 0.4 [cm/yr] の勾配をもつトレンドの上に，振幅約 1 [cm] の季節変動が重なっていることがわかる．

我々の目的は 1997 年以前のデータを用いて，1998～1999 年の御前崎の上下変動を予測することにある．まずデータからトレンドを取り除いて，季節変動に相関解析を実施する．具体的には 1993～1997 年の 20 個のデータを切り取って，図

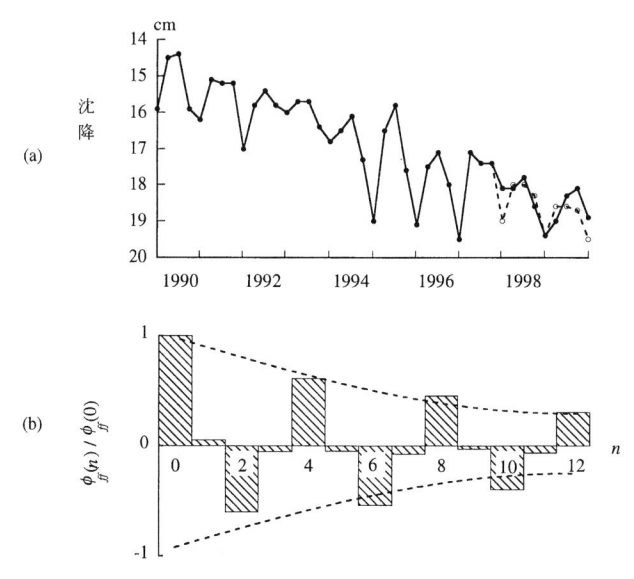

図 4.10 静岡県御前崎の(a)経年的沈降(沈降量は 1962 年を基準とする．白丸と点線は予測値) と(b)自己相関関数

4.2の方式により1997年以前のデータとの間で自己相関関数を求める．図4.10(b)はこのようにして得られた自己相関関数で，指数関数的に減衰する余弦曲線の形状を示している．

$M=4$ とし，$\mu=1, 2, 3, \cdots, 9$ のそれぞれの場合について(4.19)を解いて伝達関数 $h(m)$ $(m=0, 1, 2, 3)$ を決める．得られた伝達関数を(4.18)に用いて計算された1998～1999年の季節変動に，トレンドを加えて最終的な予測値とする．図4.10(a)に併記された白丸と点線はこのような予測値である．1998年の予測値は，1点を除いて実測値とよい一致を示す．1999年の予測値は実測値と系統的にずれているが，季節変動の傾向はよく現れている．

なお，御前崎の沈降パターンは，伊豆半島の地震地殻活動と関連をもつといわれる[7]．もし伊豆半島の活動が御前崎の沈降変化に前駆的であるとするならば，両者を数理的に関係づけることにより，御前崎の沈降をより正確に予測することが可能になるかもしれない．

連立1次方程式を行列で表す

x と y を未知数とする連立2元1次方程式

$$\left.\begin{array}{l} a_{11}x + a_{12}y = b_1 \\ a_{21}x + a_{22}y = b_2 \end{array}\right\}$$

を考える．行列を用いてこれを表すとつぎのようになる．

$$\begin{pmatrix} a_{11} & a_{12} \\ a_{21} & a_{22} \end{pmatrix} \begin{pmatrix} x \\ y \end{pmatrix} = \begin{pmatrix} b_1 \\ b_2 \end{pmatrix}$$

左辺の要素 a_{ij} $(i=1, 2 ; j=1, 2)$ に関する行列を$(2, 2)$型の行列とよび，x と y および b_i $(i=1, 2)$ に関する$(1, 2)$型の行列を列ベクトル(column vector)とよぶ．いま

$$A = \begin{pmatrix} a_{11} & a_{12} \\ a_{21} & a_{22} \end{pmatrix}, \quad X = \begin{pmatrix} x \\ y \end{pmatrix}, \quad B = \begin{pmatrix} b_1 \\ b_2 \end{pmatrix}$$

とおくと上式は

$$AX = B$$

と略記することができる．

一般に x_j $(j=1, 2, \cdots, n)$ を未知数とする連立 n 元1次方程式の場合にも，同様な形式にまとめることができる．すなわち

$$\left.\begin{array}{l} a_{11}x_1 + a_{12}x_2 + \cdots + a_{1n}x_n = b_1 \\ a_{21}x_1 + a_{22}x_2 + \cdots + a_{2n}x_n = b_2 \\ \cdots\cdots \\ a_{n1}x_1 + a_{n2}x_2 + \cdots + a_{nn}x_n = b_n \end{array}\right\}$$

についても，(n, n)型の行列および列ベクトルを用いて

$$\begin{pmatrix} a_{11} & a_{12} & \cdots & a_{1n} \\ a_{21} & a_{22} & \cdots & a_{2n} \\ \vdots & \vdots & & \vdots \\ a_{n1} & a_{n2} & \cdots & a_{nn} \end{pmatrix} \begin{pmatrix} x_1 \\ x_2 \\ \vdots \\ x_n \end{pmatrix} = \begin{pmatrix} b_1 \\ b_2 \\ \vdots \\ b_n \end{pmatrix}$$

と書ける．また A, X, B をそれぞれ定義し直すことにより，$AX=B$ と表すこともできる．

参 考 文 献

1) デンバー地震に関する記述は数多い．代表的な文献には
  "宇津徳治(総編集)：地震の事典，朝倉書店，pp.584，1987."
  がある．なお誘発地震一般については
  "力武常次：地震予知論入門，共立全書209，共立出版，pp.230，1976."
  "宇津徳治：地震学，第2版，共立全書216，共立出版，pp.328，1984."
  "大竹政和：地震発生における間隙流体圧の役割．地学雑誌，**95**，167-185，1986."
2) 動物による地震予知については
  "力武常次：地震前兆現象，予知のためのデータベース，東京大学出版会，pp.240，1986."
  "力武常次：予知と前兆―地震「宏観異常現象」の科学―，近未来社，pp.244，1998."
  にまとめられている．
3) "工業技術院地質調査所：関東平野西南部水理地質図，1962."
4) "萩原幸男：相関関数による試錐柱状図解析の試み．鉱山地質，**15**，85-88，1962."
5) "糸田千鶴・兵頭政幸・林田　明・北川浩之・安田喜憲：岩石磁気・古地磁気測定による水月湖の堆積環境変化の研究．日本大学文理学部自然科学研究所「研究紀要」，**28**，55-60，1993."
6) "国土地理院：東海地方の地殻変動．地震予知連絡会会報，**63**，242-272，2000."
7) "東京大学地震研究所：東海地方と伊豆半島西岸の上下変動の比較(1980-1990)．地震予知連絡会会報，**63**，273-279，2000."

5 周期分析をする

　複雑な波形データから規則性を抽出するためによく用いられる手法に,フーリエ解析(Fourier analysis)がある.原波形を周期(period)ごとの波に分け,おのおのの周期に対する振幅を求める方法である.しかし一口にフーリエ解析といっても,いろいろな手法に分かれる.フーリエ級数(Fourier series)法はアナログデータの解析に,離散フーリエ変換(discrete Fourier transform;DFT)法はディジタルデータの解析に適している.これらの手法はともに有限の周期性をもつデータに用いられるが,基本周期を無限大に拡張するフーリエ積分変換(Fourier integral transform,あるいは単にフーリエ変換:Fourier transform;FT)法がある.積分を駆使するので難しいと感じる人が多いが,きわめて便利な方法で,物理学への応用に適している.本章の目的は以上のような各種の周期分析法を紹介し,その特徴を活かして応用を試みることにある.

5.1 フーリエ解析のいろいろ

(1) フーリエ級数

　自然現象を時系列の視点から大別すると,一過性の現象と周期性の現象に分かれる.一過性の現象では,一般に時間t(あるいはn)が正の有限な範囲においてのみ現象が起こるものと仮定する.これに対して周期性をもつ現象では,t(あるいはn)のすべての範囲において現象の繰返しを仮定する.
　$f(t)$はTを周期とする時系列データであり,$0 \leq t < T$の区間において与えられるものとする.$0 \leq t < T$の区間のデータはつぎの区間$T \leq t < 2T$,あるいは1つ手前の区間$-T \leq t < 0$のデータとまったく同じ時系列を繰り返す.言い換えれば,$f(t) = f(t \pm T) = f(t \pm 2T) = \cdots = f(t \pm NT)$が成り立つ性質($T$周期性)を

5.1 フーリエ解析のいろいろ

もつ．このとき

$$f(t) = \frac{A_0}{2} + \sum_{k=1}^{\infty}\left(A_k \cos\frac{2k\pi t}{T} + B_k \sin\frac{2k\pi t}{T}\right) \tag{5.1}$$

のように，$f(t)$ を三角関数によるフーリエ級数に展開することができる．ここに，k を波数(wave number)，A_k および B_k をフーリエ係数(Fourier coefficient)とよぶ．なお，(5.1)には B_0 の項は含まれない．それは B_0 のとき $\sin 0 = 0$ となるからである．

三角関数には直交性(orthogonality)という便利な性質がある．それは正の整数 k と m についてつぎのような関係である．

$$\begin{aligned}
\int_0^T \cos\frac{2k\pi t}{T}\cos\frac{2m\pi t}{T}\,dt &= \begin{cases} T & : k=m=0 \\ T/2 & : k=m\neq 0 \\ 0 & : k\neq m \end{cases} \\
\int_0^T \sin\frac{2k\pi t}{T}\sin\frac{2m\pi t}{T}\,dt &= \begin{cases} T/2 & : k=m\neq 0 \\ 0 & : k\neq m \end{cases} \\
\int_0^T \sin\frac{2k\pi t}{T}\cos\frac{2m\pi t}{T}\,dt &= 0
\end{aligned} \tag{5.2}$$

この性質を活かせば，$f(t)$ から容易にフーリエ係数を算出できる．(5.1)の両辺に $\cos(2m\pi t/T)$ または $\sin(2m\pi t/T)$ を掛けて，それぞれ t について $0 \sim T$ の範囲で積分すると，三角関数の直交性により $k=m$ 以外の項はすべて 0 となる．すなわちフーリエ係数は

$$\left.\begin{aligned}
A_m &= \frac{2}{T}\int_0^T f(t)\cos\frac{2m\pi t}{T}\,dt \\
B_m &= \frac{2}{T}\int_0^T f(t)\sin\frac{2m\pi t}{T}\,dt
\end{aligned}\right\} \tag{5.3}$$

と得られる．$f(t)$ が既知ならば，(5.3)は数値積分が可能である．

さて，数値計算のために t を微小時間 Δt に区切り，$t=n\Delta t$ ($n=0, 1, 2, \cdots, N-1$) とする．また，$f(t)$ のかわりに $f(n)$ と表すことにする．このとき(5.1)は

$$f(n) = \frac{A_0}{2} + \sum_{k=1}^{\infty}\left(A_k \cos\frac{2nk\pi}{N} + B_k \sin\frac{2nk\pi}{N}\right) \tag{5.4}$$

と書ける．さらに

$$f(n) = \frac{A_0}{2} + \sum_{k=1}^{\infty}\sqrt{A_k^2 + B_k^2}\cos\left(\frac{2nk\pi}{N} - \phi_k\right) \tag{5.5}$$

と書き換えることもできる．ここに ϕ_k は位相(phase)で

$$\tan\phi_k = \frac{B_k}{A_k} \tag{5.6}$$

の関係がある.

(5.3)のもっとも簡単な数値積分の方法として，ここでは台形公式を採用する．N 周期性により $f(0)=f(N)$ を考慮すれば，それはつぎのように書き換えられる．

$$\left. \begin{array}{l} A_m = \dfrac{2}{N}\sum_{n=0}^{N-1} f(n)\cos\dfrac{2nm\pi}{N} \\ B_m = \dfrac{2}{N}\sum_{n=0}^{N-1} f(n)\sin\dfrac{2nm\pi}{N} \end{array} \right\} \tag{5.7}$$

数値積分にはシンプソンの公式のように精度のよい方法もあるが，$f(n)$ が周期関数の場合には，台形公式が案外精度よく有効に働く．

一般に周波数(frequency)に対する振幅の関係を振幅スペクトル(amplitude spectrum)，位相との関係を位相スペクトル(phase spectrum)という．スペクトルというとき，三角プリズムを通して太陽光を7色の虹の帯に分ける実験を思い起こす．相対的に波長の長い(周波数の低い)赤色光は屈折率が小さく，波長の短い(周波数の高い)紫色光は屈折率が大きい．フーリエ解析も波形 $f(n)$ を波数 k に分けるという点で，プリズムの作用と類似している(図5.1参照)．k に対する $\sqrt{A_k^2+B_k^2}$ を振幅スペクトル，ϕ_k を位相スペクトルとよぶのはこのためである．とくに $A_k^2+B_k^2$ をパワースペクトル(power spectrum)という．またこれらのスペクトルを総称してフーリエスペクトル(Fourier spectrum)ともいう．

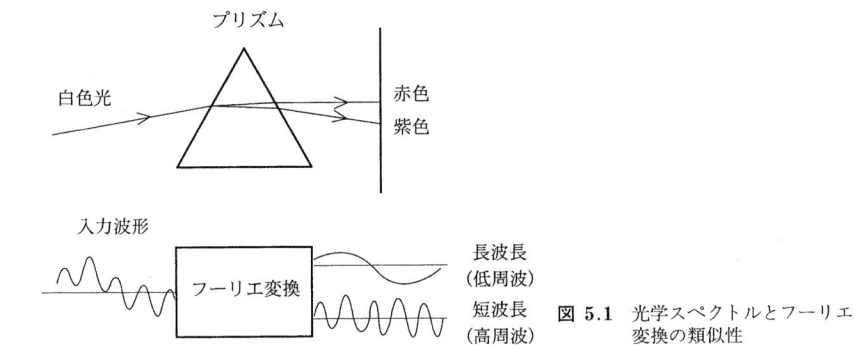

図 5.1 光学スペクトルとフーリエ変換の類似性

(2) **複素フーリエ係数**

三角関数は複素数(complex number)を用いて表すことができる．三角関数は一般の角 θ について

5.1 フーリエ解析のいろいろ

$$\left.\begin{array}{l} \cos\theta = \dfrac{1}{2}(e^{i\theta}+e^{-i\theta}) \\ \sin\theta = \dfrac{1}{2i}(e^{i\theta}-e^{-i\theta}) \end{array}\right\} \tag{5.8}$$

が成り立つ．ここに i は虚数(imaginary number)の単位である．また

$$e^{\pm i\theta} = \cos\theta \pm i\sin\theta \tag{5.9}$$

の関係も導ける．本書では，とくに $\theta = 2\pi/N$ のとき

$$W_N = e^{-2i\pi/N} \tag{5.10}$$

と記すことにする．

記号 W_N を用いると，フーリエ級数展開(5.4)を

$$f(n) = \dfrac{A_0}{2} + \dfrac{1}{2}\sum_{k=1}^{\infty}\{(A_k+iB_k)W_N^{nk}+(A_k-iB_k)W_N^{-nk}\} \tag{5.11}$$

と書き換えることができる．また(5.7)は

$$\left.\begin{array}{l} A_m = \dfrac{1}{N}\sum_{n=0}^{N-1}f(n)(W_N^{nm}+W_N^{-nm}) \\ B_m = \dfrac{1}{N}\sum_{n=0}^{N-1}f(n)(W_N^{nm}-W_N^{-nm}) \end{array}\right\} \tag{5.12}$$

となる．このように複素数を係数とするフーリエ係数を，とくに複素フーリエ係数(complex Fourier coefficient)という．

いま複素フーリエ係数を

$$\left.\begin{array}{l} E_k = A_k + iB_k \\ E_k^* = A_k - iB_k \end{array}\right\} \tag{5.13}$$

と記すことにする．E_k と E_k^* とは共役複素数(conjugate complex number)の関係にあるという．一般にある式中の i を $-i$ に置き換えた式を原式と共役な関係にあるといい，原式の右肩に ＊(星印：asterisk)をつけることにより共役な式の記号とする．

また，複素数の実数部分と虚数部分をそれぞれ Re[ ]および Im[ ]により表すものとすれば，(5.13)では

$$\left.\begin{array}{l} E_k + E_k^* = 2A_k = 2\,\text{Re}[E_k] \\ E_k - E_k^* = 2iB_k = 2i\,\text{Im}[E_k] \end{array}\right\} \tag{5.14}$$

となる．なお，W_N^{nk} と W_N^{-nk} も相互に共役な関係にあるので，$E_k W_N^{nk}$ と $E_k^* W_N^{-nk}$ もまた共役である．以上のことを考慮して(5.11)を書き直せば，最終的に

$$f(n) = \frac{A_0}{2} + \frac{1}{2}\sum_{k=1}^{\infty}(E_k W_N{}^{nk} + E_k{}^* W_N{}^{-nk}) = \frac{A_0}{2} + \text{Re}\left[\sum_{k=1}^{\infty} E_k W_N{}^{nk}\right]$$
(5.15)

となる．

(3) DFT と IDFT

これまでのフーリエ解析では，アナログをディジタルに置き換えた．そのため，ディジタル化に伴う誤差が生じることになる．これを避けて最初から離散量として取り扱う方式が，これから述べる離散フーリエ変換(discrete Fourier transform ; DFT)である．

一般に，N 周期性を有する時系列データ $f(n)$ ($n=0, 1, 2, \cdots, N-1$) の DFT を波数 ν の関数として

$$F(\nu) = \sum_{n=0}^{N-1} f(n)\, W_N{}^{n\nu}$$
(5.16)

と定義する．$W_N{}^{n\nu}$ が複素数であることから，$F(\nu)$ もまた複素数であることがわかる．$F(\nu)$ を実数部 $R(\nu)$ と虚数部 $I(\nu)$ とに分けると，共役な関数 $F^*(\nu)$ とともに

$$\left.\begin{array}{l} F(\nu) = R(\nu) + iI(\nu) \\ F^*(\nu) = R(\nu) - iI(\nu) \end{array}\right\}$$

である．このとき

$$|F(\nu)|^2 = F(\nu)F^*(\nu) = R^2(\nu) + I^2(\nu)$$
(5.17)

がパワースペクトルにあたる．$|F(\nu)|$ が振幅スペクトル，また

$$\Psi(\nu) = \tan^{-1}\frac{I(\nu)}{R(\nu)}$$
(5.18)

が位相スペクトルに相当する．なお

$$\left.\begin{array}{l} R(\nu) = \sum\limits_{n=0}^{N-1} f(n)\cos\dfrac{2n\nu\pi}{N} \\ I(\nu) = -\sum\limits_{n=0}^{N-1} f(n)\sin\dfrac{2n\nu\pi}{N} \end{array}\right\}$$

の関係は明らかであり，(5.7)との比較によりつぎのようになる．

$$\left.\begin{array}{l} A_m = \dfrac{2}{N}R(m) \\ B_m = -\dfrac{2}{N}I(m) \end{array}\right\}$$

DFT の定義式(5.16)に対して，$F(\nu)$ から $f(n)$ を導くことを離散フーリエ逆

変換(inverse discrete Fourier transform；IDFT)という．それは

$$f(n) = \frac{1}{N}\sum_{\nu=0}^{N-1} F(\nu)\, W_N^{n\nu} \qquad (5.19)$$

により与えられる．

　変換と逆変換の関係であるから，相互に導き出せることは当然である．(5.19)から(5.16)を導出してみよう．まず，(5.16)の右辺の $f(n)$ に(5.19)を代入すれば

$$\sum_{n=0}^{N-1} f(n)\, W_N^{n\nu'} = \frac{1}{N}\sum_{\nu=0}^{N-1} F(\nu) \sum_{n=0}^{N-1} W_N^{n(\nu'-\nu)} \qquad (5.20)$$

となる．ここでは(5.19)の ν との混同を避けて，(5.16)の ν を ν' に置き換えている．

　さてここで，(5.20)の n に関する和を求めなくてはならない．それは $W_N^{n\nu}$ の直交性により

$$\sum_{n=0}^{N-1} W_N^{n(\nu-\nu')} = \begin{cases} N & : \nu = \nu' \\ 0 & : \nu \neq \nu' \end{cases} \qquad (5.21)$$

となることがわかる．したがって，(5.20)の ν に関する和のうち $F(\nu')$ の項のみ残ることとなり，結果として(5.20)の右辺は $F(\nu')$ に等しくなる．

　近年，コンピュータソフトに高速フーリエ変換(fast Fourier transform；FFT)がある．W_N の性格をたくみに用いて，高速で変換を計算する仕組みである．しかし本書では専門書[1)]にゆずるとして紹介しない．きわめて大型の計算でない限り，通常の方法で事足りるからである．

5.2　フーリエ解析に挑む

(1)　まずトレンドを除く

　まず最初に，フーリエ解析を実行するにあたっての注意事項を述べておこう．どんなデータでも吟味することなくフーリエ解析にかける人がいるが，それは周期性を知らない人のすることである．フーリエ解析の前提には，データの両端点

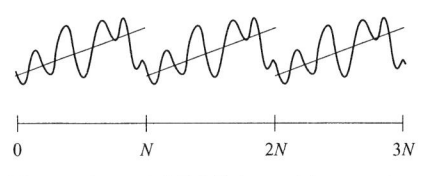

図 5.2　トレンドを取り除くことなしにフーリエ解析をした結果として再現された時系列の例

の値が等しい,すなわち $f(0)=f(N)$ という重要な関係が暗に含まれていることを留意しなければならない.例えば $f(N-1)$ と $f(0)$ の値の間に著しい差がないように,データに前処理(data purification)を施す必要がある.

データに直線的トレンドが見られる場合には,まず最小2乗法によってデータからトレンドを取り除いた後に,はじめてフーリエ解析を実行するよう心がけるべきである.それを怠ると図5.2に見るように,N を周期とするデータの繰返しが現れて,解析結果に重大な誤りをもたらさないとも限らない.

(2) **群発地震回数のスペクトル**

飛騨山脈に沿って群発地震が多発することが知られている.なかでも木曽御岳付近と乗鞍岳付近の群発活動は盛んである.しかも前者が活発なときには後者は比較的静穏であり,逆に後者が活発なときには前者が比較的静穏になるという,いわゆる相補性が見られる.図5.3(a)は,1988年1月〜1995年12月の3箇月ご

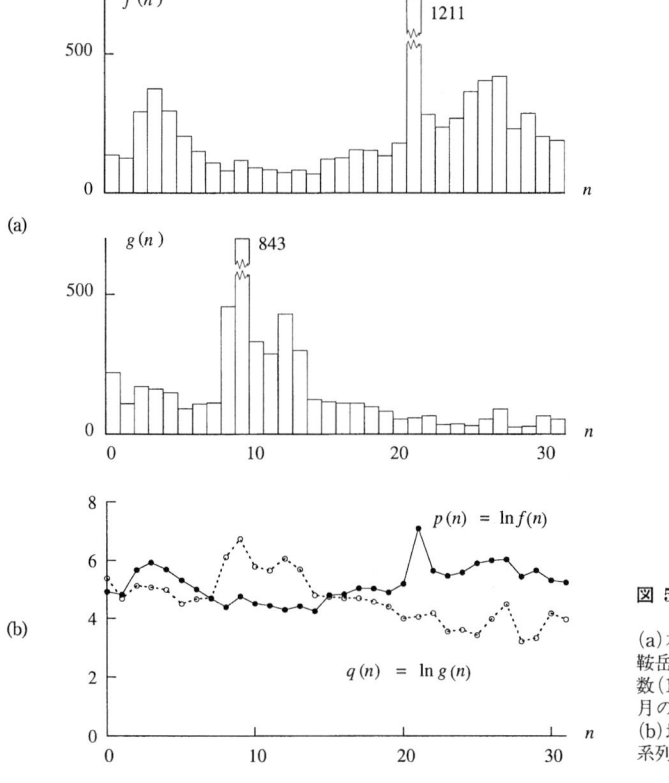

図 5.3 相補性を示す2つの群発地震
(a)木曽御岳付近(上段)と乗鞍岳付近(下段)の群発地震回数(1988年1月〜1995年12月の3箇月ごとのデータ)[2],(b)地震回数の自然対数を時系列として表したもの.

との木曽御岳付近の地震数 $f(n)$ と乗鞍岳付近の地震数 $g(n)$ である[2]. ある期間に集中して地震が発生する特徴があって,解析しにくい. そこで対数をとって
$$p(n)=\ln f(n), \qquad q(n)=\ln g(n)$$
を示したものが図 5.3(b) である. 全体的にならされて解析しやすくなったといえる. しかも両者の間には相補性の傾向が見られる.

では $p(n)$ と $q(n)$ とを用いてフーリエ解析を実行してみよう. まず, $p(n)$ と $q(n)$ から最小 2 乗法によりトレンドを取り除く. トレンドを取り除いた残差を
$$x(n)=p(n)-a-bn$$
$$y(n)=q(n)-\alpha-\beta n$$
とする. ここに, トレンドの 1 次式の係数は
$$a \fallingdotseq 2.54 \times 10^{-2}, \qquad b \fallingdotseq 4.81$$
$$\alpha \fallingdotseq 6.27 \times 10^{-2}, \qquad \beta \fallingdotseq 5.64$$
である.

ついで $x(n)$ と $y(n)$ のフーリエ係数を求める. それは $N=32$, $m=0\sim15$ について
$$\left.\begin{array}{l} A_m=\dfrac{2}{N}\sum_{n=0}^{N-1} x(n)\cos\left(\dfrac{2nm\pi}{N}\right) \\[4pt] B_m=\dfrac{2}{N}\sum_{n=0}^{N-1} x(n)\sin\left(\dfrac{2nm\pi}{N}\right) \\[4pt] C_m=\dfrac{2}{N}\sum_{n=0}^{N-1} y(n)\cos\left(\dfrac{2nm\pi}{N}\right) \\[4pt] D_m=\dfrac{2}{N}\sum_{n=0}^{N-1} y(n)\sin\left(\dfrac{2nm\pi}{N}\right) \end{array}\right\}$$
により計算される.

パワースペクトルは
$$P_m=A_m^2+B_m^2, \qquad Q_m=C_m^2+D_m^2$$
により, また位相スペクトルは
$$\phi_m=\tan\left(\frac{B_m}{A_m}\right), \qquad \varphi_m=\tan\left(\frac{D_m}{C_m}\right)$$
により求められる. 図 5.4 に示すパワースペクトルでは, $p(n)$, $q(n)$ とも低周波領域が卓越していることがわかる. 位相スペクトル ϕ_m は低周波領域で負の値をとるが, これに対して φ_m の特徴は明瞭ではない.

最終的に, 得られたフーリエ係数を合成して原データに戻ることを確認する. すなわち

$$x(n) = \frac{A_0}{2} + \sum_{m=1}^{15}\left(A_m \cos\frac{2mn\pi}{N} + B_m \sin\frac{2mn\pi}{N}\right)$$
$$y(n) = \frac{C_0}{2} + \sum_{m=1}^{15}\left(C_m \cos\frac{2mn\pi}{N} + D_m \sin\frac{2mn\pi}{N}\right)$$

を計算した後

$$f(n) = \exp\{x(n) + a + bn\}$$
$$g(n) = \exp\{y(n) + \alpha + \beta n\}$$

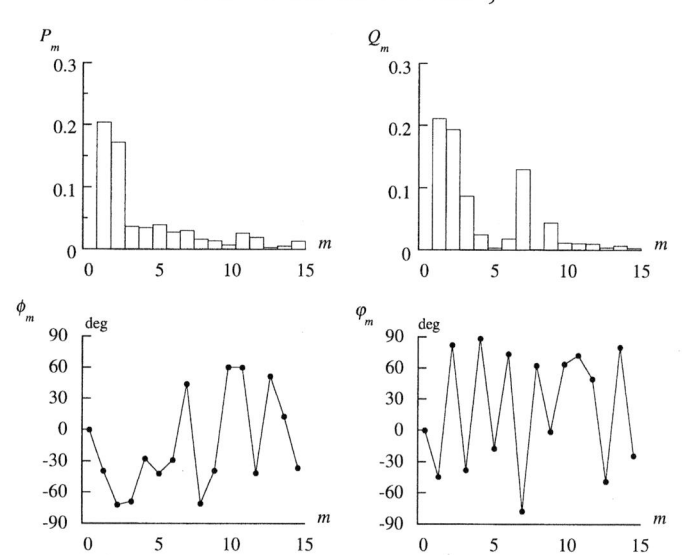

図 5.4 木曽御岳付近(上段)と乗鞍岳付近(下段)の群発地震回数のパワースペクトルと位相スペクトル

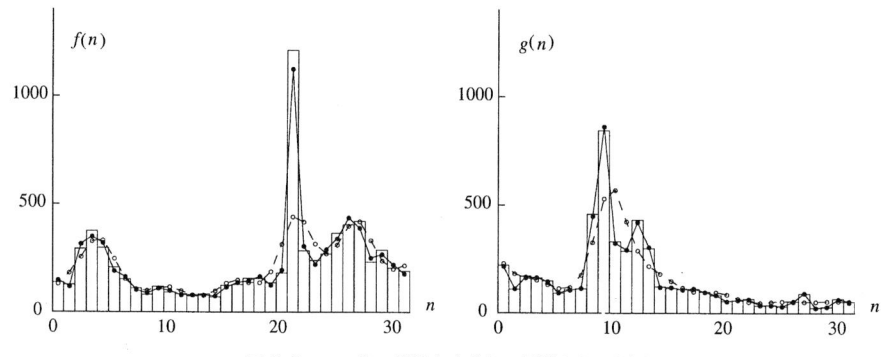

図 5.5 フーリエ係数を合成して再現された原データ
黒丸(実線)は A_m と $B_m (0 \leq m \leq 15)$ の合成，白丸(点線)は $0 \leq m \leq 6$ の合成．

を求めて原データと比較する．図5.5に併記した黒丸(実線)がこのような計算値であり，みごとに元に戻ったことが確かめられた．以上が典型的なフーリエ解析の道筋であるが，一般的には原データの対数をとる操作は必要でない．

ところで，得られたフーリエ係数をすべて合成することはせず，低周波成分だけを合成するならば，はたしてどこまで原データを再現できるであろうか．図5.5の白丸(点線)は $0 \leq m \leq 6$ のフーリエ係数を合成した結果である．高周波成分をカットすると，地震活動のピーク値は再現できないことがわかる．

(3) 湖の自由振動

中国新疆ジュンガル盆地の西端に，琵琶湖の2/3程度の広さをもつセリム湖がある．閉塞湖であることと，開発の手がいっさい加わっていないという点で，陸水学的研究の格好の対象となっている．図5.6(a)はセリム湖の約2箇月間の水位変化を示している[3]．水位は上昇する傾向にあるが，この傾向の上にごちゃごちゃと複雑な波形が重なっている．図を見ただけでは，波形の中に何かの規則性が含まれているか否か見分けがつかない．

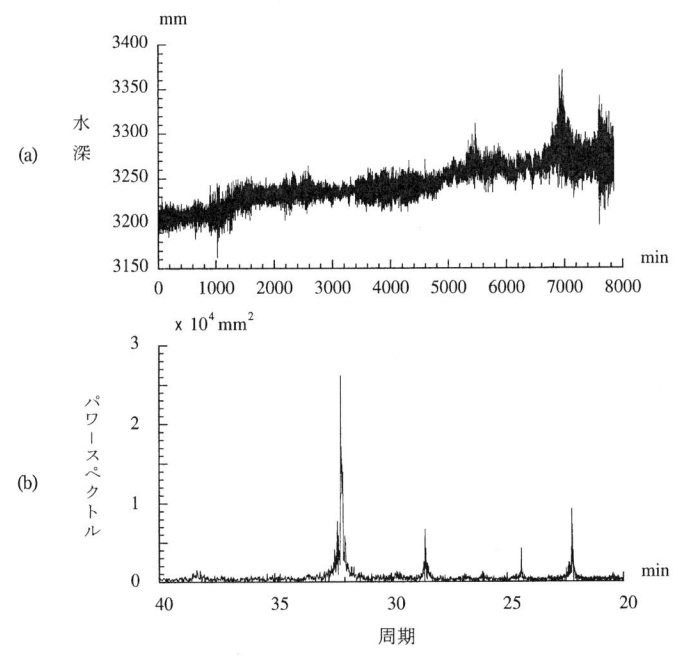

図 5.6 中国新疆セリム湖の(a)水位変動[3]と(b)パワースペクトル
周期約32分の自由振動(静振)が卓越．

まず，最小2乗法を用いて原データからトレンドを取り除き，純粋に波形だけを取り出す．ついでDFTによりパワースペクトルを計算する．図5.6(b)が得られた水位変化のパワースペクトルである．周期32分の波形が卓越することをみごとに示している．これはセリム湖の自由振動に相当する．その他周期約22分, 28.5分および24.5分の小振幅の波も含まれることが判明した．

5.3 たたみ込みをする

DFTのたたみ込みに関する重要な公式を紹介する．まず，入力$f(n)$が伝達関数$h(n)$を通して出力$g(n)$と結びつく形式

$$g(n) = \sum_{m=0}^{N-1} h(m) f(n-m) \tag{5.22}$$

について考える．ここで，和の範囲が$0 \leq m \leq N-1$であることに注意を要する．一過性の現象の場合，$f(n)$を今日のデータとすれば，明日のデータ$f(n+1)$は未知である．これに対して周期性の仮定のもとでは，$f(n+1)$は明日のデータではなく$f(n-N+1)$, つまり明日より数えてN日前の過去のデータにほかならない．そのため，(5.22)の和の範囲を$0 \leq m \leq n$および$n+1 \leq m \leq N-1$(つまり$n-N+1 \leq m \leq -1$)に分けて考えれば理解できるであろう．

ここで，(5.22)をDFTで表してみる．$G(\nu)$と$H(\nu)$をそれぞれ$g(n)$と$h(n)$のDFTとするとき，(5.22)のDFTによる表現は

$$G(\nu) = H(\nu) F(\nu) \tag{5.23}$$

となる．この証明はつぎのようである．

(5.22)の両辺のDFTをとり，nとmに関する和の順をかえると

$$G(\nu) = \sum_{n=0}^{N-1} W_N^{n\nu} \sum_{m=0}^{N-1} h(m) f(n-m) = \sum_{m=0}^{N-1} h(m) \sum_{n=0}^{N-1} f(n-m) W_N^{n\nu} \tag{5.24}$$

となる．N周期性により$f(n-m) = f(N+n-m)$の関係を考慮すると，nに関する和は

$$\sum_{n=0}^{N-1} f(n-m) W_N^{n\nu} = \sum_{n=m}^{N-1} f(n-m) W_N^{n\nu} + \sum_{n=0}^{m-1} f(N+n-m) W_N^{n\nu}$$

と分けることができる．ここで，上式の右辺第1項において$n-m$を改めてnに，第2項では$N+n-m$を改めてnと書き換えるとすると

$$W_N^{m\nu} \left\{ \sum_{n=0}^{N-m-1} f(n) W_N^{n\nu} + \sum_{n=N-m}^{N-1} f(n) W_N^{(n-N)\nu} \right\} = W_N^{m\nu} F(\nu)$$

が得られる．したがって(5.24)は

$$G(\nu) = \sum_{m=0}^{N-1} h(m) W_N^{m\nu} F(\nu) = H(\nu) F(\nu)$$

となる．このようにして(5.23)は証明された．

つぎに(5.22)と対をなす関係式

$$g(n) = \sum_{m=0}^{N-1} h(m) f(n+m) \tag{5.25}$$

のDFTを考える．この場合も同様な導出法によってつぎのように得られる．

$$G(\nu) = H^*(\nu) F(\nu) \tag{5.26}$$

すなわち，伝達関数のDFTは共役な関数である．

5.4 フーリエ積分法とは

(1) フーリエ積分の定義

これまでに学習してきたフーリエ解析法は，フーリエ級数法とDFTの2種類であった．前者はアナログデータ，後者はディジタルデータの解析法という違いはあるものの，ともに有限の周期性をもつ時系列の解析法という点で共通していた．しかし，解析上この有限の周期性が邪魔になることがある．このような場合に登場するのがフーリエ変換(FT)である．邪魔といっても周期性を失うことはなく，基本周期を無限大に拡張したにすぎない．$+\infty$は$-\infty$と接続しているのである．積分が難しいからと敬遠する向きもあるが，実のところ数学的取扱いも積分形の方が便利な場合が多い．必要ならば，最終的にディジタル型に改めればよい．

まず，$-\infty \leq t \leq \infty$の範囲で連続する時系列$f(t)$のFTを

$$F(\omega) = \int_{-\infty}^{\infty} f(t) e^{-i\omega t} dt \tag{5.27}$$

と定義する．ここに，ωを角周波数(angular frequency)とよび，時間の逆数の次元をもつ．$|F(\omega)|$は振幅スペクトル，$|F(\omega)|^2$はパワースペクトルに相当する．

逆に$F(\omega)$から$f(t)$を導く関係をフーリエ逆変換(inverse Fourier transform; IFT)とよび，それは

$$f(t) = \frac{1}{2\pi} \int_{-\infty}^{\infty} F(\omega) e^{i\omega t} d\omega \tag{5.28}$$

により与えられる．証明は後述する．

さて，$f(t)$が偶関数であれば，$f(t) = f(-t)$が成立する．このとき(5.27)は

$$F(\omega) = \int_0^\infty f(t) e^{-i\omega t} dt + \int_{-\infty}^0 f(t) e^{-i\omega t} dt$$
$$= \int_0^\infty f(t) e^{-i\omega t} dt + \int_0^\infty f(-t') e^{i\omega t'} dt'$$
$$= 2\int_0^\infty f(t) \cos \omega t\, dt \tag{5.29}$$

となる.ここに,(5.8)の関係を考慮している.(5.29)の積分をとくにフーリエ余弦変換(Fourier cosine transform)という.

一方,奇関数(odd function)であれば $f(t) = -f(-t)$ が成立する.このときには同様にして

$$F(\omega) = -2i \int_0^\infty f(t) \sin \omega t\, dt \tag{5.30}$$

とすることができる.(5.30)の積分をとくにフーリエ正弦変換(Fourier sine transform)という.

つぎに微分 $df(t)/dt$ の FT を求めることにする.それは部分積分により

$$\int_{-\infty}^\infty \frac{df(t)}{dt} e^{-i\omega t} dt = [f(t) e^{-i\omega t}]_{-\infty}^\infty + i\omega \int_{-\infty}^\infty f(t) e^{-i\omega t} dt$$
$$= i\omega F(\omega) \tag{5.31}$$

となる.ここに,右辺第1項を0とおいている.同様に2階微分の FT は

$$\int_{-\infty}^\infty \frac{d^2 f(t)}{dt^2} e^{-i\omega t} dt = -\omega^2 F(\omega) \tag{5.32}$$

となることがわかる.

(2) **たたみ込み**

5.3節において紹介した,たたみ込みの関係はここでも成立する.まず,$-\infty \leq \tau \leq \infty$ の範囲の積分

$$g(t) = \int_{-\infty}^\infty h(t-\tau) f(\tau) d\tau \tag{5.33}$$

を考える.積分が $-\infty \leq \tau \leq \infty$ の範囲をとる理由は,つぎのように理解される. $f(t)$ は ∞ の周期性をもった関数である.$f(t)$ を今日の時点のデータとすれば,$f(\tau)(\tau > t)$ は未来の時点のデータではなく,τ より無限大時間前の過去の時点のデータにほかならない.すなわち,DFT において定義した(5.22)の考えとまったく同様である.

$g(t)$ および $h(t)$ の FT をそれぞれ $G(\omega)$ および $H(\omega)$ と記すものとすれば,(5.33)の FT は

$$G(\omega) = H(\omega) F(\omega) \tag{5.34}$$

により与えられる．以下にこれを証明しよう．
 (5.33)の両辺のFTをとり，積分の順序をかえると

$$G(\omega) = \int_{-\infty}^{\infty} f(\tau) d\tau \int_{-\infty}^{\infty} h(t-\tau) e^{-i\omega t} dt$$

$$= \int_{-\infty}^{\infty} f(\tau) e^{-i\omega \tau} d\tau \int_{-\infty}^{\infty} h(t') e^{-i\omega t'} dt'$$

となる．ここに，$t' = t - \tau$ とおいている．明らかに右辺の第1積分は $F(\omega)$ に，第2積分は $H(\omega)$ に等しい．こうして(5.34)の成立が証明された．

(3) デルタ関数

いま，(5.34)において $G(\omega) = F(\omega)$ としよう．つまり $H(\omega) = 1$ である．このときの $H(\omega)$ のIFTをとくに $\delta(t)$ と記すことにすると，(5.28)により

$$\delta(t) = \frac{1}{2\pi} \int_{-\infty}^{\infty} e^{i\omega t} d\omega \tag{5.35}$$

が成り立つ．このとき(5.33)はまた

$$f(t) = \int_{-\infty}^{\infty} \delta(t-\tau) f(\tau) d\tau \tag{5.36}$$

とすることもできる．このような性質をもつ $\delta(t)$ をディラックのデルタ関数 (delta function) とよぶ．

 デルタ関数を用いれば，FTの逆関係としてのIFTを導くことができる．(5.28)に(5.27)を代入して積分順序をかえると

$$f(t) = \frac{1}{2\pi} \int_{-\infty}^{\infty} \int_{-\infty}^{\infty} f(\tau) e^{i\omega(t-\tau)} d\tau d\omega = \frac{1}{2\pi} \int_{-\infty}^{\infty} f(\tau) d\tau \int_{-\infty}^{\infty} e^{i\omega(t-\tau)} d\omega$$

となる．ここに，右辺は(5.36)に等しいことがわかる．こうして(5.27)と(5.28)が相互に逆変換の関係にあることが証明された．

(4) 重力異常と地下構造

 FTの応用として，重力異常(ブーゲ異常)と地下構造の関係について紹介する．ここでは時系列データではなく，空間的位置に関するデータを取り扱う．いま x 軸を地表に沿った水平方向，z 軸を下向き垂直方向にとる．$z > 0$ の範囲に地下構造，しかも地下構造は2次元的で x 軸方向にのみ変化するものとする．このとき，$z = 0$ (地表)上の1点 P の座標 $(x, 0)$ における重力異常 $f(x)$ を求める．

 地下構造として，表層と基盤の2層構造を仮定する．表層と基盤の境界面は，

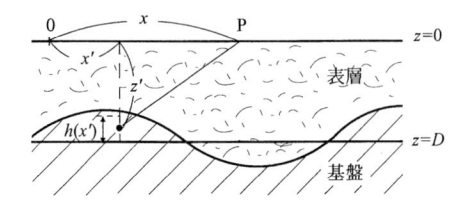

図 5.7 表層と基盤の 2 層構造モデル　点 P は重力測定点.

平均深度 $z=D$ のまわりに $h(x)$ の振幅で起伏する (図 5.7). このとき重力異常は

$$f(x) = 2G\rho \int_{-\infty}^{\infty} dx' \int_{D-h(x')}^{D} \frac{z'}{(x-x')^2 + z'^2} dz'$$

となる. ここに, G はニュートンの万有引力定数, ρ は表層と基盤の密度差である. ところで $D \gg |h(x)|$ であるから, 上記の積分は

$$f(x) = 2G\rho D \int_{-\infty}^{\infty} \phi(x-x') h(x') dx' \tag{5.37}$$

と近似できる. ここに

$$\phi(x) = \frac{1}{x^2 + D^2} \tag{5.38}$$

とおいている.

ここにおいて気づくことは, (5.37) が x に関してたたみ込み積分の形をとっていることである. したがって $f(x)$, $h(x)$ および $\phi(x)$ の FT をそれぞれ $F(\omega)$, $H(\omega)$ および $\Phi(\omega)$ とするならば, (5.37) の FT は

$$F(\omega) = 2G\rho D \Phi(\omega) H(\omega) \tag{5.39}$$

となる. $\phi(x)$ は偶関数であるので, その FT は (5.29) を参照し

$$\Phi(\omega) = 2 \int_{-\infty}^{\infty} \phi(x) \cos \omega x \, dx = \frac{\pi}{D} \exp(-D|\omega|)$$

と求められる. したがって (5.37) の FT は最終的に

$$F(\omega) = 2\pi G\rho H(\omega) \exp(-D|\omega|) \tag{5.40}$$

となる.

この式はつぎの事実を教えてくれる. 基盤表面の起伏の重力異常への影響は, その深度とともに減衰する. しかも角周波数が高い (すなわち波長が短い) ほど減衰は強くなる. それはちょうどロケットに乗って地表から離れていくとき, 細かい地表の特徴は急速に見えなくなるのに対して, 広範囲の特徴はしばらく見えるのと同じである.

ところで, 我々の興味は重力異常から未知の地下構造を算出する方法にある. 実は (5.37) から直接求める方法が便利であって, それは

$$\int_{-\infty}^{\infty} \phi(x-x')\,dx' = \frac{\pi}{D}$$

を用いる方法である.この積分の両辺に $2G\rho Dh(x)$ を掛けて,(5.37)の両辺から差し引いた後に移項すると

$$h(x) = \frac{f(x)}{2\pi G\rho} - \frac{D}{\pi}\int_{-\infty}^{\infty}\phi(x-x')\{h(x')-h(x)\}\,dx'$$

が得られる.これを解くには,右辺の積分の値を0とした第0近似解

$$h^{(0)}(x) = \frac{f(x)}{2\pi G\rho}$$

から出発する.ついで $h^{(0)}(x)$ を右辺の積分に用いて第1近似解 $h^{(1)}(x)$ を得る.このように,反復法によりつぎつぎと近似を高めていく方法をとるのが便利である.

これに対して,(5.40)のIFTをとる方法は今日「過去の方法」として忘れ去られたといえる.しかしこの方法は,ω に関するIFT積分が発散するような場合に応用できる一般性をもっているので,とくに章末の囲み記事で紹介する.

5.5 相関からスペクトルへ

(1) フーリエ級数とスペクトル

相関関数のスペクトルを求めることにより,相関関数の広い応用性を模索する.さて,T 周期性をもつ時系列 $f(t)$ と $g(t)$ はそれぞれつぎのフーリエ級数に展開されるものとする.すなわち

$$\left.\begin{array}{l} f(t) = \dfrac{A_0}{2} + \sum_{k=1}^{\infty}\left(A_k\cos\dfrac{2k\pi t}{T} + B_k\sin\dfrac{2k\pi t}{T}\right) \\[2mm] g(t) = \dfrac{C_0}{2} + \sum_{k=1}^{\infty}\left(C_k\cos\dfrac{2k\pi t}{T} + D_k\sin\dfrac{2k\pi t}{T}\right) \end{array}\right\} \quad (5.41)$$

これらの相互相関をとるため(4.5)に代入すると,相互相関関数はつぎのようになる.

$$\phi_{fg}(\tau) = \frac{E_0}{2} + \sum_{k=1}^{\infty}\left(E_k\cos\frac{2k\pi\tau}{T} + F_k\sin\frac{2k\pi\tau}{T}\right) \quad (5.42)$$

ここに

$$E_0 = \frac{A_0 C_0}{2},\quad E_k = \frac{1}{2}(A_k C_k + B_k D_k),\quad F_k = \frac{1}{2}(A_k D_k - B_k C_k)$$
(5.43)

の関係がある.

ここで,(5.42)を(5.5)の形式にまとめる.すなわち

$$\phi_{fg}(\tau) = \frac{E_0}{2} + \sum_{k=1}^{\infty} \sqrt{E_k{}^2 + F_k{}^2} \cos\left(\frac{2k\pi\tau}{T} - \alpha_k\right) \tag{5.44}$$

とする.このとき(5.43)より

$$\left.\begin{array}{l} E_k{}^2 + F_k{}^2 = \dfrac{1}{4}(A_k{}^2 + B_k{}^2)(C_k{}^2 + D_k{}^2) \\[6pt] \tan \alpha_k = \dfrac{A_k D_k - B_k C_k}{A_k C_k + B_k D_k} \end{array}\right\} \tag{5.45}$$

となることは明らかである.

一方,自己相関関数のときには,$A_k = C_k$, $B_k = D_k$ により,(5.43)は

$$E_0 = \frac{A_0{}^2}{2}, \quad E_k = \frac{1}{2}(A_k{}^2 + B_k{}^2), \quad F_k = 0 \tag{5.46}$$

となるため

$$\phi_{ff}(\tau) = \frac{E_0}{2} + \sum_{k=1}^{\infty} E_k \cos \frac{2k\pi\tau}{T} \tag{5.47}$$

と書け,偶関数であることがわかる.また(5.46)の第2式から,自己相関関数の振幅は元の時系列のパワースペクトルの1/2に等しいこともわかる.このことから,元の時系列データからパワースペクトルを計算するかわりに,自己相関関数のフーリエ係数を計算してもよいことになる.

(2) DFT のスペクトル

ついで DFT について同様なアプローチを行う.$\phi_{fg}(n)$ の DFT を $\Phi_{fg}(\nu)$ と記すと,(4.7)はつぎのようになる.

$$\Phi_{fg}(\nu) = \sum_{n=0}^{N-1} \phi_{fg}(n) W_N{}^{n\nu}$$
$$= \frac{1}{N} \sum_{n=0}^{N-1} W_N{}^{n\nu} \sum_{m=0}^{N-1} f(m) g(n+m) = \frac{1}{N} \sum_{m=0}^{N-1} f(m) \sum_{n=0}^{N-1} g(n+m) W_N{}^{n\nu}$$

$n' = n + m$ とおくことにより,上式はつぎのようにまとめることができる.

$$\Phi_{fg}(\nu) = \frac{1}{N} \sum_{m=0}^{N-1} f(m) W_N{}^{-m\nu} \sum_{n'=0}^{N-1} g(n') W_N{}^{n'\nu} = \frac{F^*(\nu) G(\nu)}{N} \tag{5.48}$$

N 周期性の仮定があれば,(4.7)はまた

$$\phi_{gf}(n) = \frac{1}{N} \sum_{m=0}^{N-1} g(m) f(n+m)$$

とも表せるから,(5.48)にかわって

$$\Phi_{gf}(\nu) = \frac{G^*(\nu) F(\nu)}{N} \tag{5.49}$$

もまた成立する.

自己相関関数の場合，$\phi_{ff}(n)$ の DFT を $\Phi_{ff}(\nu)$ と記せば

$$\Phi_{ff}(\nu) = \frac{F^*(\nu)F(\nu)}{N} = \frac{|F(\nu)|^2}{N} \tag{5.50}$$

となることが明らかである．すなわち，自己相関関数の DFT は，元の関数のパワースペクトルの平均値に相当する．

(3) FT のスペクトル

まず，(4.5)の定義とは異なり，相互相関関数を $-\infty \leqq t \leqq \infty$ の領域にわたって定義するものとする．すなわち

$$\phi_{fg}(\tau) = \lim_{T \to \infty} \frac{1}{T} \int_{-T/2}^{T/2} f(t)g(t+\tau)\,dt \tag{5.51}$$

さて，$\phi_{fg}(\tau)$ の FT を求めるのであるが，これはつぎのように求められる．

$$\Phi_{fg}(\omega) = \int_{-\infty}^{\infty} \phi_{fg}(\tau)^{-i\omega\tau}d\tau = \lim_{T \to \infty} \frac{1}{T} \int_{-T/2}^{T/2} f(t)\,dt \int_{-\infty}^{\infty} g(t+\tau)e^{i\omega\tau}d\tau$$

$t' = t+\tau$ とおいて，τ のかわりに t' について積分すれば

$$\Phi_{fg}(\omega) = \lim_{T \to \infty} \frac{1}{T} \int_{-T/2}^{T/2} f(t)e^{i\omega t}dt \int_{-\infty}^{\infty} g(t')e^{-i\omega t'}dt' = \lim_{T \to \infty} \frac{F^*(\omega)G(\omega)}{T} \tag{5.52}$$

とまとめることができる．

(5.51)において $f(t)$ と $g(t)$ とを入れ替えても，$\phi_{fg}(\tau)$ の値はかわらない．このため，(5.52)において $F(\omega)$ と $G(\omega)$ を入れ替えた式もまた成立する．すなわち

$$\Phi_{fg}(\omega) = \lim_{T \to \infty} \frac{G^*(\omega)F(\omega)}{T} \tag{5.53}$$

一方，自己相関関数はつぎのように定義される．

$$\phi_{ff}(\tau) = \lim_{T \to \infty} \frac{1}{T} \int_{-T/2}^{T/2} f(t)f(t+\tau)\,dt \tag{5.54}$$

この FT は同様の演算により

$$\Phi_{ff}(\omega) = \lim_{T \to \infty} \frac{F^*(\omega)F(\omega)}{T} = \lim_{T \to \infty} \frac{|F(\omega)|^2}{T} \tag{5.55}$$

となることは明らかである．

(5.55)の右辺の量 $|F(\omega)|^2/T$ は，パワースペクトルの時間平均である．このように，自己相関関数の FT は入力関数のパワースペクトルに相当することがわかる．T が大きい時系列データでも，その自己相関関数は $\tau=0$ 付近にまとまった図形として現れる場合がある．このようなときには，自己相関関数の FT からパワースペクトルを計算する方が都合がよい．

5.6 ホワイトノイズを分析する

(1) ホワイトノイズのスペクトル

太陽光は7色にスペクトル分解されるが,これを合成すると白色光に戻ることが知られている.白色光との類似性から,まったく特徴のない平坦なスペクトルをもつランダムな波形をホワイトノイズ(white noise)という.

ホワイトノイズ $f(t)$ のパワースペクトルは平坦で,角周波数 ω にかかわらず一定値を示す.すなわち

$$|F(\omega)|^2 = c^2 \qquad (5.56)$$

である(c:定数).ホワイトノイズの自己相関関数は

$$\phi_{ff}(\tau) = \frac{c^2}{2\pi T}\int_{-\infty}^{\infty} e^{i\omega\tau}d\omega = \frac{c^2}{T}\delta(t) \qquad (5.57)$$

となって,デルタ関数(5.35)であることがわかる.言い換えれば,$\tau=0$ においてパルス状の波形となる.

一般にランダムノイズ(random noise)とよばれる不規則な波形は,完全にはホワイトではない.したがって,その自己相関関数も完全にはパルスではなく,$\tau=0$ を中心にして両サイドに裾を引く指数関数

$$\phi_{ff}(\tau) = \alpha\exp(-\beta|\tau|) \qquad (5.58)$$

のような形をもつことが予想される.

その FT は

$$\Phi_{ff}(\omega) = 2\alpha\int_0^{\infty} e^{-\beta\tau}\cos\omega\tau d\tau = \frac{2\alpha\beta}{\omega^2+\beta^2} \qquad (5.59)$$

であって,β の値が大きければ,パワースペクトルは $\omega=0$ を中心に広い裾をもつこととなる.

例えば図5.8のように,$+1$ か -1 の値をとるフリップフロップ型変化の関数 $f(t)$ がある.$+1$ から -1,あるいは -1 から $+1$ へのジャンプは時間的にランダムであり,ある一定時間内にジャンプする回数は,ポアソン分布(Poisson distribution)に従うものとする.

時間 τ の間に n 回ジャンプするものとすれば,ジャンプの確率密度関数は

$$p(n, \tau) = \frac{(\lambda\tau)^n}{n!}e^{-\lambda\tau} \qquad (5.60)$$

により表される.ここに,λ は微小時間間隔 $\tau\sim\tau+\varDelta\tau$ の間にジャンプするレートである.このとき,$f(t)$ の自己相関関数は

5.6 ホワイトノイズを分析する

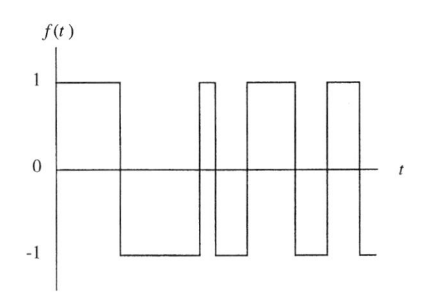

図 5.8 フリップフロップ型変化をするランダムノイズ波形

$$\phi_{ff}(\tau) = \exp(-2\lambda |\tau|) \tag{5.61}$$

となることが証明される.

(2) 地磁気の逆転はでたらめか

　地球磁場には，正磁気期と逆磁気期が数万年から数十万年の周期で交互に訪れることが知られている．白亜紀には数千万年の逆転のない無逆転期が存在し，逆転期と無逆転期とは1～2億年の周期で繰り返してきた．こうしてみると，地磁気の逆転には周期性があるものと考えられる．しかし，3000万年前から現在までの逆転を示す図5.9(a)を見ると，正逆の繰返しには周期性があるとも思えない．

　もし地磁気の逆転がまったくでたらめに発生するものであれば，その自己相関関数は指数関数型となるであろうし，周期的な変化を含んでいれば減衰振動型となることであろう．ここでは，逆転データについて自己相関関数を求めることにより，発生のでたらめさを確かめてみる．図5.9(b)は得られた自己相関関数であ

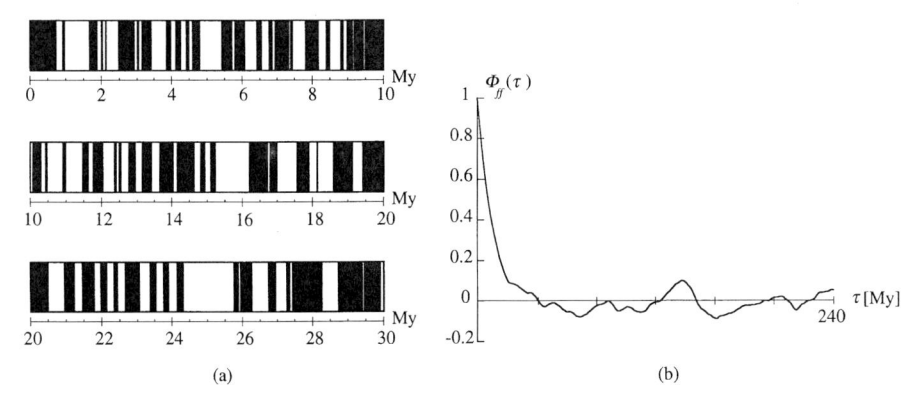

図 5.9　3000万年前から現在までの(a)地磁気の逆転(黒の部分が正磁気期，白の部分が逆磁気期)と(b)自己相関関数

る．明らかに指数関数的に減衰し，地磁気の逆転回数は $\lambda=0.5\,[\mathrm{My}^{-1}]$ のレートでポアソン分布することがわかる．

IFT 積分が発散するとき

IFT の被積分関数が $|\omega|\to\infty$ で収束しないケースがある．このようなときの対応策を，重力異常から地下構造を求める問題を例に解説する．

(5.40)から得られる

$$H(\omega)=\frac{1}{2\pi G\rho}F(\omega)\exp(D|\omega|)$$

の両辺の IFT をとることにする．たたみ込みの形式で書けば，それは

$$h(x)=\frac{1}{2\pi G\rho}\int_{-\infty}^{\infty}\varphi(x-x')f(x')\,dx'$$

となる．ところが問題は IFT 積分

$$\varphi(x)=\frac{1}{2\pi}\int_{-\infty}^{\infty}\exp(D|\omega|)e^{i\omega x}d\omega$$

をどう解くかである．

いま，間隔 s のディジタルデータを使用するものとする．このとき，波長が $2s$ より長い変化はディジタルデータに取り込まれるが，$2s$ より短い変化は抜け落ちてしまう．言い換えれば，「ディジタル化する」ということは自動的に $\omega>|\pi/s|$ の範囲を切り捨てることを意味する．したがって

$$\varphi(x)=\frac{1}{2\pi}\int_{-\pi/s}^{\pi/s}\exp(D|\omega|)e^{i\omega x}d\omega=\frac{1}{\pi}\int_{0}^{\pi/s}e^{D\omega}\cos\omega x\,d\omega$$

$$=\frac{D}{\pi(x^2+D^2)}\left\{\exp\left(\frac{\pi D}{s}\right)\left(\cos\frac{\pi x}{s}+\frac{x}{D}\sin\frac{\pi x}{s}\right)-1\right\}$$

とすることができる．これを用いれば，上記のたたみ込みを数値積分することにより，重力異常 $f(x)$ から地下構造 $h(x)$ を求めることができる．

リサージュの図

原点を O とする 2 次元直角座標 (x,y) の上に点 $\mathrm{P}(x,y)$ をとる．ベクトル $\overrightarrow{\mathrm{OP}}$ は時間 t とともに変化するものとし，その 2 成分をそれぞれ $f(t)$ および $g(t)$ とする．このとき，t の経過とともに描く P の軌跡をリサージュの図(Lissajous' figure)という．とくに $f(t)$ と $g(t)$ が同一周期の単振動

$$f(t)=A\sin(\omega t+\alpha),\qquad g(t)=B\sin(\omega t+\beta)$$

であるとき，リサージュの図は楕円となる．

図 A は伊東市における傾斜変化[4](1997 年 2 月 28 日～3 月 3 日)のベクトルの 2 成分である．2 月 28 日と 3 月 1 日は潮汐変化だけであるから，リサージュの図は一

定の方向性をもった楕円に近い．しかし3月3日午前1時頃から発生した群発地震とともに傾斜変化も異常を示し，リサージュの図は楕円から離れる．よく見ると，楕円からの離脱は群発地震の数時間前から始まっている．平常時の観測から楕円の範囲をあらかじめ決めておき，その範囲を離脱したときに「赤ランプ」がつくようにすれば，群発地震の予知が可能となる．

　風速や地磁気の水平ベクトルの時間変化も，リサージュの図により表すことができる．ベクトルの成分間だけではなく，一般に周期性のある時系列間でもリサージュの図は有効である．傾斜変化の例のように，2つの時系列の背後の状況が急に変化したとき，リサージュの図のパターン変化から背後の「異常」を検出することができるかもしれない．

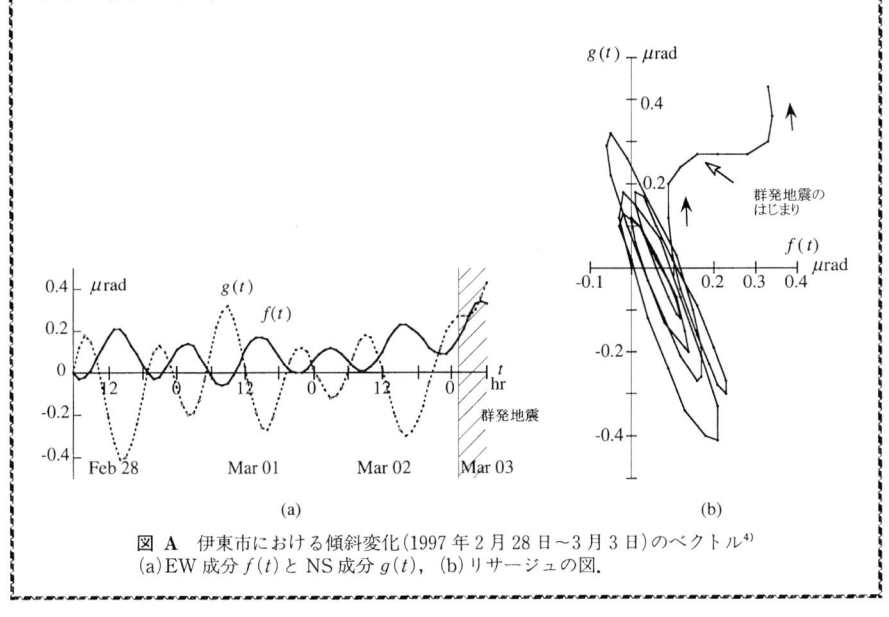

図 A　伊東市における傾斜変化(1997年2月28日〜3月3日)のベクトル[4]
(a)EW成分 $f(t)$ と NS 成分 $g(t)$，(b)リサージュの図．

参 考 文 献

1) フーリエ解析に関する参考書，教科書は多数ある．ここで紹介するより，読者が書店で何冊か手にとって選ぶ方がよい．FFT についてもほとんどの参考書で触れている．
2) 京都大学防災研究所伊藤 潔助教授の好意で未公開のデータをいただいたものである．
3) 日本大学文理学部堀内清司教授の提供による．

4) "東京大学地震研究所：ボアホール地殻活動総合観測装置で観測された伊豆半島東方沖群発地震．地震予知連絡会会報, **58**, 254-263, 1997."

6 フィルターあれこれ

　観測される時系列には，低周波(長周期)から高周波(短周期)までいろいろな成分が含まれている．周波数(周期または波長)を基準にして時系列をふるい分ける演算を総称してフィルター(filter)[1]とよぶ．本章では，時系列データから必要な信号を抽出する計算操作としてのフィルターの役割を解説する．

6.1 理想的なフィルターはない

(1) フィルターとは

　時系列 $f(t)$ をフーリエ級数

$$f(t) = \frac{A_0}{2} + \sum_{k=1}^{\infty}\left(A_k\cos\frac{2k\pi t}{T} + B_k\sin\frac{2k\pi t}{T}\right) \quad (6.1)$$

により表す．この級数は波数が $0\sim\infty$ のすべてのフーリエ係数を含んでいる．周波数の立場からいえば，$k=0$ の項が直流成分，k が相対的に小さい値の項が低周波成分(長周期成分)，k が大きい項が高周波成分(短周期成分)である．

　ある正の整数 K をとり，波数を $0 \leq k \leq K$ の範囲に限定してフーリエ級数を合成する．それは

$$f_K(t) = \frac{A_0}{2} + \sum_{k=1}^{K}\left(A_k\cos\frac{2k\pi t}{T} + B_k\sin\frac{2k\pi t}{T}\right) \quad (6.2)$$

と書ける．このように合成された $f_K(t)$ には，原波形 $f(t)$ に含まれる高周波成分($k>K$ の項)は除かれる．このように，原波形から高周波成分をカットする計算操作をハイカットフィルター(highcut filter)という．低周波成分のみを通過させると考えて低域フィルター，あるいはローパスフィルター(lowpass filter)ともいう．

また反対に波数 $k=K+1\sim\infty$ の項を合成すれば，それは低周波成分をカットすることになる．このような計算操作をローカットフィルター(lowcut filter)，高周波成分を通過させるという意味で高域フィルター，あるいはハイパスフィルター(highpass filter)という．さらに中間の周期のみを拾い出すフィルターに帯域フィルター(bandpass filter)がある．

フーリエ積分法においても同様なことがいえる．原波形 $f(t)$ の FT を $F(\omega)$ とするとき，IFT の定義式は

$$f(t)=\frac{1}{2\pi}\int_{-\infty}^{\infty}F(\omega)\,e^{i\omega t}d\omega \tag{6.3}$$

である．ついで角周波数を $|\omega|\leq\Omega$ の範囲に限定して IFT をとる．すなわち

$$f_\Omega(t)=\frac{1}{2\pi}\int_{-\Omega}^{\Omega}F(\omega)\,e^{i\omega t}d\omega \tag{6.4}$$

を定義すれば，これには $|\omega|>\Omega$ の高周波成分は含まれない．$f(t)$ から $f_\Omega(t)$ を求める計算も，一種のハイカットフィルターにほかならない．

いま，新たに関数

$$H(\omega)=\begin{cases} 1 & :|\omega|\leq\Omega \\ 0 & :|\omega|>\Omega \end{cases} \tag{6.5}$$

を定義する．この関数を用いれば(6.4)は

$$f_\Omega(t)=\frac{1}{2\pi}\int_{-\infty}^{\infty}H(\omega)\,F(\omega)\,e^{i\omega t}d\omega \tag{6.6}$$

と書き改めることができる．$f_\Omega(t)$ の FT を $F_\Omega(\omega)$ とすれば，(6.6)は

$$F_\Omega(\omega)=H(\omega)\,F(\omega) \tag{6.7}$$

とも書ける．

また，(6.7)を時間領域でたたみ込みの形式にすることもできる．すなわち

$$f_\Omega(t)=\int_{-\infty}^{\infty}h(\tau)f(t-\tau)\,d\tau \tag{6.8}$$

ここに，$h(t)$ は $H(\omega)$ の IFT であり，それは

$$h(t)=\frac{1}{2\pi}\int_{-\infty}^{\infty}H(\omega)\,e^{i\omega t}d\omega=\frac{1}{2\pi}\int_{-\Omega}^{\Omega}e^{i\omega t}d\omega=\frac{\sin\Omega t}{\pi t} \tag{6.9}$$

となる．$\sin\Omega t/(\pi t)$ はフーリエ核(Fourier kernel)とよばれる．

フーリエ核はディラックのデルタ関数(5.35)によっても定義できる．それは

$$\delta(t)=\lim_{\Omega\to\infty}\frac{1}{2\pi}\int_{-\Omega}^{\Omega}e^{i\omega t}d\omega=\lim_{\Omega\to\infty}\frac{\sin\Omega t}{\pi t} \tag{6.10}$$

となることにより理解できる．

$H(\omega)$ は，角周波数領域 $|\omega|>\Omega$ の高周波成分をきれいにカットする．その意味

6.1 理想的なフィルターはない   99

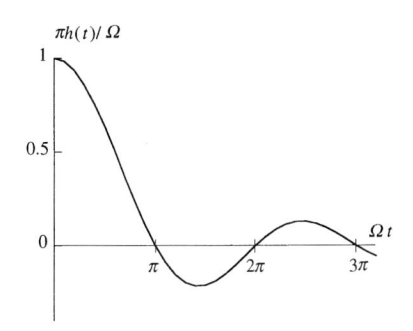

図 6.1 フーリエ核 $\sin\Omega t/(\pi t)$

においては理想フィルター(ideal filter)である．しかしその時間領域の関数 $h(t)$ は，図6.1に見るように収束がきわめてよくない．そのため，実際上(6.8)の数値計算を実行しようとすると，多数の項にわたって積分範囲を広げなければならない．このように，周波数領域では理想的な形をもつフィルターであっても，時間領域では使えないという難点がある．

実際問題として，観測波形を無限項のフーリエ級数に展開するわけにはいかない．どこか適当な有限波数 $k \leq K$ においてカットすることになろう．また間隔 s のディジタル化は，$|\omega|>\pi/s$ の範囲の切捨てを意味する(5章末の囲み記事参照)．これらの事実を考え合わせるとき，フーリエ級数でもフーリエ積分でも，実際のデータ解析においては厳密に原波形を再現できないことがわかる．

(2) ギブスの現象

$t=0$ において不連続があるステップ関数(step function)

$$S(t) = \begin{cases} 1 & : t \geq 0 \\ 0 & : t < 0 \end{cases} \tag{6.11}$$

を定義する．ステップ関数の高周波領域($|\omega|>\Omega$)をカットするものとすれば，(6.8)と(6.9)により

$$S_\Omega(t) = \int_{-\infty}^{\infty} S(\tau) \frac{\sin\Omega(t-\tau)}{\pi(t-\tau)} d\tau = \int_{0}^{\infty} \frac{\sin\Omega(t-\tau)}{\pi(t-\tau)} d\tau$$

となる．ここで，$\xi = \Omega(t-\tau)$ とおけば

$$S_\Omega(t) = \int_{-\infty}^{\Omega t} \frac{\sin\xi}{\pi\xi} d\xi = \frac{1}{2} + \frac{1}{\pi} Si(\Omega t) \tag{6.12}$$

とすることができる．とくに

$$Si(t) = \int_{0}^{t} \frac{\sin\xi}{\xi} d\xi$$

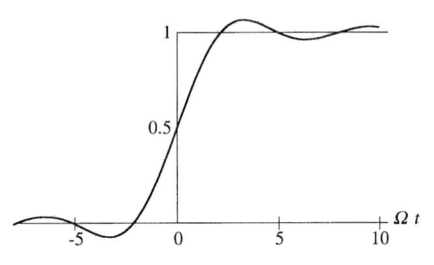

図 6.2 ステップ関数の高周波領域をカットしたときに生じるギブスの現象

は正弦積分(sine integral)とよばれる関数で, $t \to \infty$ で $\pi/2$ の値をとる.

原波形 $S(t)$ から高周波領域をカットした $S_\Omega(t)$ は, 図 6.2 のように波形が振動する. すなわち, 高周波領域をカットした $S_\Omega(t)$ から原波形 $S(t)$ を再現できない. 一般に, このような原波形の不連続点近傍での挙動を, ギブスの現象(Gibbs' phenomenon)という.

6.2 ウィンドウを開く

理想的なフィルターが存在しないとなれば, 少しばかり荒っぽい計算操作でも, 原波形の周期的な特徴を効果的に抽出できるならば, フィルターとして採用できる. これから述べる計算法は, 実用的なフィルターの例である.

(1) ウィンドウは長方形から

データ処理にしばしば登場する移動平均(running average)を, フィルターの目を通して見直してみる. いま時系列 $f(t)$ を, t を中心に幅 2τ の時間領域について平均する. それは

$$g(t) = \frac{1}{2\pi} \int_{-\tau}^{\tau} f(t-t')\,dt'$$

と書くことができる. この積分はまた関数

$$w(t) = \begin{cases} 1 & : |t| \leq \tau \\ 0 & : |t| > \tau \end{cases} \tag{6.13}$$

を導入することにより

$$g(t) = \frac{1}{2\pi} \int_{-\infty}^{\infty} w(t') f(t-t')\,dt' \tag{6.14}$$

と書くこともできる.

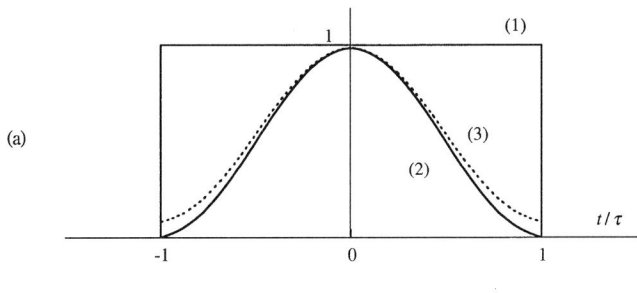

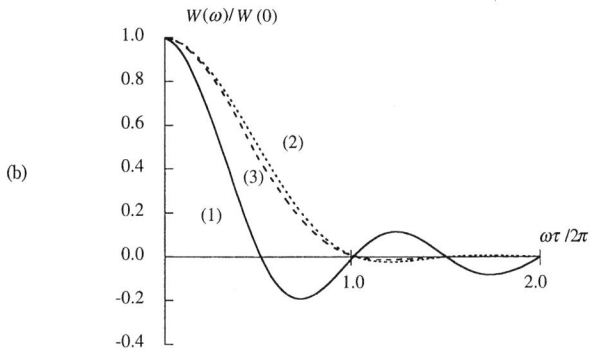

図 6.3 (a)各種ウィンドウと(b)周波数ウィンドウ
(1)長方形ウィンドウ, (2)ハニングウィンドウ, (3)ハミングウィンドウ.

(6.14)はたたみ込みの形式をとる．したがってその両辺の FT は

$$G(\omega) = \frac{1}{2\tau} W(\omega) F(\omega) \tag{6.15}$$

となる．ここに，$W(\omega)$は(6.13)の FT であって

$$W(\omega) = \int_{-\tau}^{\tau} e^{-i\omega t} dt = 2\int_0^{\tau} \cos \omega t dt = \frac{2\sin \omega \tau}{\omega} \tag{6.16}$$

である．とくに $W(0) = 2\tau$ の値をとる．

なお，$w(t)$を長方形ウィンドウ(rectangular window, あるいは box-car window)とよぶことがある．これは図6.3(a)に見るように図形が長方形をなすためであり，またウィンドウとは時系列の一部を窓を通して見ることに似ているためである．後述するように，ウィンドウにはいろいろな関数が考案されている．一般に，ウィンドウの FT を周波数ウィンドウ(frequency window)とよぶ．

(2) **ハニングとハミング**

比較的単純なウィンドウとして，つぎの2つの関数がよく知られている．ハニ

ングウィンドウ(Hanning window)は

$$w_1(t) = \begin{cases} \dfrac{1}{2}\left(1+\cos\dfrac{\pi t}{\tau}\right) & : |t| \leqq \tau \\ 0 & : |t| > \tau \end{cases} \tag{6.17}$$

の形式をとり，そのスペクトルは

$$W_1(\omega) = \frac{1}{2}\int_{-\tau}^{\tau}\left(1+\cos\frac{\pi t}{\tau}\right)e^{-i\omega t}dt = \int_0^{\tau}\left(1+\cos\frac{\pi t}{\tau}\right)\cos\omega t\,dt$$
$$= \frac{1}{2}\left[W(\omega) + \frac{1}{2}\left\{W\left(\omega+\frac{\pi}{\tau}\right) + W\left(\omega-\frac{\pi}{\tau}\right)\right\}\right] \tag{6.18}$$

のように，(6.16)の和として表すことができる．とくに $W_1(\pi/\tau) = \tau/2$ である．

もう1つはハミングウィンドウ(Hamming window)とよばれる関数で

$$w_2(t) = \begin{cases} 0.54 + 0.46\cos\dfrac{\pi t}{\tau} & : |t| \leqq \tau \\ 0 & : |t| > \tau \end{cases} \tag{6.19}$$

により与えられる．この周波数ウィンドウも(6.16)を用いて

$$W_2(\omega) = 0.54\,W(\omega) + 0.23\left\{W\left(\omega+\frac{\pi}{\tau}\right) + W\left(\omega-\frac{\pi}{\tau}\right)\right\} \tag{6.20}$$

と表せる．とくに $W_2(\pi/\tau) = 0.46\tau$ の値をとる．

なおこれらのウィンドウをまとめて，一般化されたハミングウィンドウ(generalized Hamming window)を

$$w_H(t) = \begin{cases} \alpha + (1-\alpha)\cos\dfrac{\pi t}{\tau} & : |t| \leqq \tau \\ 0 & : |t| > \tau \end{cases} \tag{6.21}$$

と定義することがある．ここに，$0 \leqq \alpha \leqq 1$ であって，$\alpha=1$ ならば長方形ウィンドウ，$\alpha=0.5$ ならばハニングウィンドウ，$\alpha=0.54$ のときにはハミングウィンドウとなる．周波数ウィンドウは

$$W_H(\omega) = \alpha W(\omega) + \frac{1-\alpha}{2}\left\{W\left(\omega+\frac{\pi}{\tau}\right) + W\left(\omega-\frac{\pi}{\tau}\right)\right\} \tag{6.22}$$

と書ける．とくに $W_H(\pi/\tau) = (1-\alpha)\tau$ の値をとる．

図6.3に，これら3種類のウィンドウとそのスペクトルを示す．スペクトルはいずれも $\omega=0$ の近傍(これをメインローブ(main lobe)という)で大きく，低域フィルターの一種であることがわかる．なお，メインローブに対して裾の振動的な部分をサイドローブ(side lobe)とよび，その負の部分をとくにスペクトルリーケイジ(spectral leakage)という．フィルターの設計は一般的にサイドローブの振動を抑え，リーケイジを少なくする工夫がなされる．長方形ウィンドウのサイド

ローブの振幅は最大値の 20% にも達するが，他の 2 つのウィンドウでは 1~2% にすぎない．これら 2 つのウィンドウのスペクトルは理想フィルターのそれには遠いとはいえ，長方形ウィンドウに比べて相対的に優れたフィルターであるといえる．

(3) ディジタルウィンドウ

上記のウィンドウをディジタル化するには，積分を数値積分で近似すればよい．しかしディジタルフィルター (degital filter) を用いる限り，このような近似の誤差は含まれない．

まず (6.13) にかわってディジタル関数

$$h(m) = \begin{cases} 1 & : |m| \leq M \\ 0 & : |m| > M \end{cases} \quad (6.23)$$

を考える．ウィンドウを $w(m)$ としないで $h(m)$ と表記したのは，$W_N = e^{-2i\pi/N}$ との混同を避けるためである．

ここで，$h(m)$ の DFT をとる．偶関数であるから，それは

$$H(\nu) = \sum_{m=-M}^{M} h(m) W_N^{m\nu} = 1 + \sum_{m=1}^{M} (W_N^{m\nu} + W_N^{-m\nu}) = 1 + 2 \sum_{m=1}^{M} \cos \frac{2m\nu\pi}{N}$$

$$= \sin \frac{\nu\pi(2M+1)}{N} \Big/ \sin \frac{\nu\pi}{2} \quad (6.24)$$

と求められる．ここに，$M < N$ である．とくに $\nu = 0$ の場合には $H(0) = 2M+1$ となる．この周波数ウィンドウのサイドローブは振動的である．

なお (6.24) の誘導には公式[2]

$$\sum_{m=1}^{M} \cos mx = \cos \frac{(M+1)x}{2} \sin \frac{Mx}{2} \Big/ \sin \frac{x}{2}$$

を用いている．

ついで一般化されたハミングウィンドウをディジタル化しよう．それは

$$h_H(m) = \begin{cases} \alpha + (1-\alpha) \cos \frac{m\pi}{M} & : |m| \leq M \\ 0 & : |m| > M \end{cases} \quad (6.25)$$

と定義される．この関数の総和は

$$\sum_{m=-M}^{M} h_H(m) = 1 + 2 \sum_{m=1}^{M} h_H(m) = 2\alpha(M+1) - 1 \quad (6.26)$$

となる．

なお周波数ウィンドウは

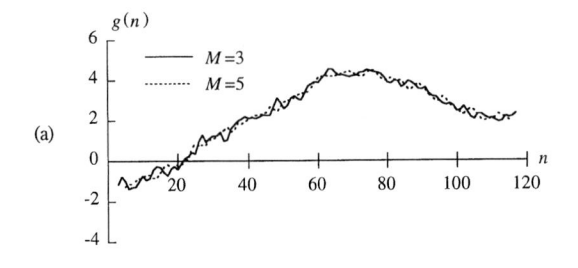

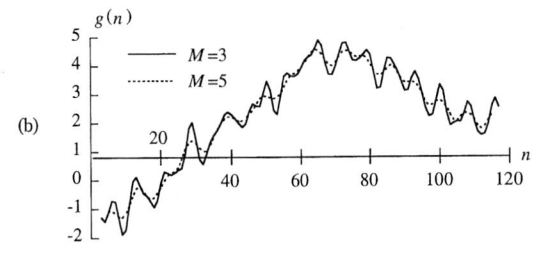

図 6.4 「虫がいる時系列データ」(図 1.3)を入力としたフィルターの出力
(a)長方形ウィンドウ, (b)ハニングウィンドウ.

$$H_H(\nu) = \alpha H(\nu) + \frac{1-\alpha}{2}\left\{H\left(\nu+\frac{N}{2M}\right) + H\left(\nu-\frac{N}{2M}\right)\right\} \quad (6.27)$$

とすることができる.

(4) フィルターを適用する

実際の時系列データにディジタルフィルターを適用する. ここでは, 図 1.3 の「虫がいる時系列データ」を入力 $f(n)$ に用いる. ディジタルウィンドウを通して得られた出力 $g(n)$ は (6.26) を考慮して

$$g(n) = \frac{1}{2\alpha(M+1)-1}\sum_{m=-M}^{M} h_H(m)f(n-m) \quad (6.28)$$

により計算される.

図 6.4(a) と (b) はそれぞれ, 長方形ウィンドウとハニングウィンドウを通して得られた出力である. いずれも $M=5$ の場合に比べて $M=3$ では, 高周波成分が取り切れていない様子がわかる. なお, ハミングウィンドウの出力はハニングウィンドウのそれと大差がないので, ここでは計算を省略した.

6.3 フィルターを高度化する

(1) レカーシブフィルター

目的に応じていろいろ周波数特性を選ぶことができるレカーシブフィルター (recursive filter) を紹介する.

まずフィルターのスペクトルの一般的な形式として
$$H(\nu) = \frac{Q(\nu)}{P(\nu)} = \frac{\sum_{n=0}^{N-1} q(n) W_N^{n\nu}}{\sum_{n=0}^{N-1} p(n) W_N^{n\nu}} \qquad (6.29)$$
を与える. 入力 $f(n)$ と出力 $g(n)$ のシステムの中に組み入れると
$$G(\nu) = F(\nu) H(\nu) = \frac{F(\nu) Q(\nu)}{P(\nu)}$$
すなわち
$$G(\nu) P(\nu) = F(\nu) Q(\nu) \qquad (6.30)$$
の関係が成り立つ.

(6.30)の両辺の IDFT をとって, たたみ込みの形式に書き改めるものとすれば
$$\sum_{m=0}^{N-1} p(m) g(n-m) = \sum_{m=0}^{N-1} q(m) f(n-m) \qquad (6.31)$$
となる.

簡単のために $p(0)=1$, $p(1)=\beta$, $p(2)=\gamma$, $q(0)=a$, $q(1)=b$, $q(2)=c$ とし, かつ $m \geq 3$ について $p(m)=q(m)=0$ とする. もしこれら5つの係数が既知であれば, 入力 $f(n)$ を与えることにより出力 $g(n)$ は次式から計算できる.

$$\left.\begin{array}{l} g(0) = af(0) \\ g(1) = af(1) + bf(0) - \beta g(0) \\ g(2) = af(2) + bf(1) + cf(0) - \beta g(1) - \gamma g(0) \\ \quad \cdots\cdots \\ g(N-1) = af(N-1) + bf(N-2) + cf(N-3) - \beta g(N-2) - \gamma g(N-3) \end{array}\right\} \qquad (6.32)$$

得られた $g(0)$ の値を用いて $g(1)$ を, ついで $g(0)$ と $g(1)$ の値を用いて $g(2)$ を計算するというように, つぎつぎと繰り返して出力を得ることができるのがレカーシブフィルターの特徴である.

また入出力データに N 周期性を仮定すれば, (6.31)は $g(n)$ に関する N 元1次方程式となり, $g(n)$ はその解として得られる.

$$\left.\begin{aligned}g(0) &= af(0) + bf(N-1) + cf(N-2) - \beta g(N-1) - \gamma g(N-2) \\ g(1) &= af(1) + bf(0) + cf(N-1) - \beta g(0) - \gamma g(N-1) \\ g(2) &= af(2) + bf(1) + cf(0) - \beta g(1) - \gamma g(0) \\ &\cdots\cdots \\ g(N-1) &= af(N-1) + bf(N-2) + cf(N-3) - \beta g(N-2) - \gamma g(N-3)\end{aligned}\right\}$$
(6.33)

$|\beta|\ll 1$, $|\gamma|\ll 1$ であれば, (6.33)第1, 第2式の右辺において $g(N-1)=g(N-2)=0$ から出発して, $g(n)$ の値が収束するまで反復計算を繰り返す.

　入力に対してどのような出力が欲しいか, ハイカットかローカットか, カットするならどの波数で切りたいかなど, この例では5つの係数の値をいろいろとかえて, 希望する特性をもったフィルターを設計することができる. レカーシブフィルターのさまざまな応用については文献[3]に詳しい.

(2) チェビシェフフィルター

　周波数特性がパワースペクトル

$$|H_n(\omega)|^2 = \frac{1}{1+\varepsilon^2 T_n^2(\omega/\omega_0)} \qquad (6.34)$$

により規定されるチェビシェフフィルター(Chebyshev filter)は一種のハイカットフィルターである. ここに, ω_0 はカットオフ角周波数(cutoff angular frequency), $T_n(\omega)$ は n 次のチェビシェフ多項式(Chebyshev polynomial)である. $z=\omega/\omega_0$ とおくことにより, チェビシェフ多項式はつぎのように定義される[2].

$$T_n(z) = \begin{cases} \cos(n\cos^{-1} z) & : |z| \leq 1 \\ \cosh(n\cosh^{-1} z) & : |z| > 1 \end{cases} \qquad (6.35)$$

三角関数および双曲線関数には, つぎの関係式が成り立つ.

$$\cos(n+1)x = 2\cos nx \cos x - \cos(n-1)x$$
$$\cosh(n+1)x = 2\cosh nx \cosh x - \cosh(n-1)x$$

(6.35)において $x=\cos^{-1} z$ とおけば, $|z|$ の領域によらず両式共通に

$$T_{n+1}(z) = 2z T_n(z) - T_{n-1}(z) \qquad (6.36)$$

とすることができる. 多項式におけるこの種の式を, 漸化式(recurrence formula)とよぶ. (6.35)より $T_0(z)=1$, $T_1(z)=z$ は容易に導け, これをもとに(6.36)から2次以上の多項式を導くことができる. 4次までの多項式をまとめて書くと

$$\left.\begin{aligned} T_0(z) &= 1, \quad T_1(z) = z, \quad T_2(z) = 2z^2 - 1, \\ T_3(z) &= 4z^3 - 3z, \quad T_4(z) = 8z^4 - 8z^2 + 1 \end{aligned}\right\} \qquad (6.37)$$

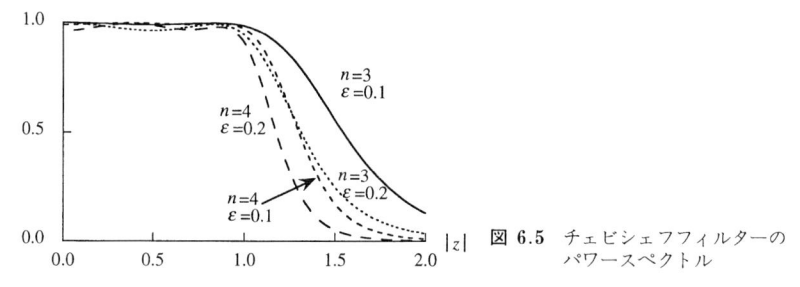

図 6.5 チェビシェフフィルターの
パワースペクトル

となる.

図 6.5 は, $n=3$ および 4, $\varepsilon=0.1$ および 0.2 の場合のパワースペクトルを示す. $n=4$ では, $|\omega/\omega_0|=1.1\sim1.3$ 付近で高周波領域を効果的にカットしている様子がよくわかる. $|\omega/\omega_0|\leq 1$ の範囲では $|H_n(\omega)|^2$ の最大値は 1, 最小値は $1/(1+\varepsilon^2)$ であり, パワースペクトルはこの間で振動する. 振動の振幅 $\varepsilon^2/(1+\varepsilon^2)$ をとくにリップル(ripple)という.

実際のフィルター計算では, 入力データ $f(t)$ の FT である $F(\omega)$ をまず計算し, ついで $H_n(\omega)F(\omega)$ の IFT として $g(t)$ を得る. このような計算法のほかに, フーリエ級数の形式に持ち込むこともできる. いま簡単のために, $n=3$ を例に説明する. この場合には

$$H_3(\omega) = \frac{1}{1+i\varepsilon\{4(\omega/\omega_0)^3 - 3\omega/\omega_0\}}$$

となる. したがって入出力関係式は

$$G(\omega)\left[1+i\varepsilon\left\{4\left(\frac{\omega}{\omega_0}\right)^3 - 3\frac{\omega}{\omega_0}\right\}\right] = F(\omega) \tag{6.38}$$

と表される.

さて(5.31)によれば, $dg(t)/dt$ の FT は $i\omega G(\omega)$ である. また $d^3g(t)/dt^3$ の FT は $-i\omega^3 G(\omega)$ であるので, (6.38)の両辺の IFT は微分方程式

$$-\frac{4\varepsilon}{\omega_0^3}\frac{d^3g(t)}{dt^3} - \frac{3\varepsilon}{\omega_0}\frac{dg(t)}{dt} + g(t) = f(t) \tag{6.39}$$

となる.

ここで, $f(t)$ をフーリエ級数により表す. (6.39)の解 $g(t)$ もまた, フーリエ級数の形式により与えられるものと仮定し, それぞれ

$$\left.\begin{array}{l} f(t) = \dfrac{A_0}{2} + \sum\limits_{k=1}^{\infty}\left(A_k \cos\dfrac{2k\pi t}{T} + B_k \sin\dfrac{2k\pi t}{T}\right) \\ g(t) = \dfrac{C_0}{2} + \sum\limits_{k=1}^{\infty}\left(C_k \cos\dfrac{2k\pi t}{T} + D_k \sin\dfrac{2k\pi t}{T}\right) \end{array}\right\} \tag{6.40}$$

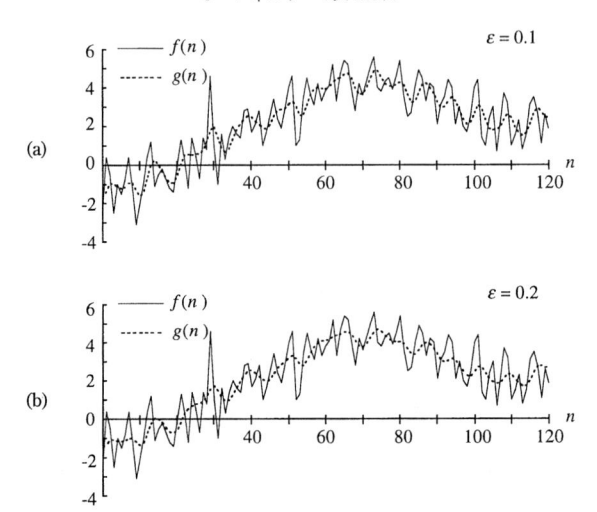

図 6.6 「虫がいる時列系データ」(図1.3)を入力としたチェ
　　　 ビシェフフィルターの出力
　　　 $\omega_0 T = 20\pi$, (a) $\varepsilon = 0.1$, (b) $\varepsilon = 0.2$.

とおく.

ついで(6.40)を(6.39)に代入することにより，フーリエ級数間につぎの関係式を得る.

$$\left. \begin{array}{l} C_k = \dfrac{A_k - \chi_k B_k}{1 + \chi_k^2} \\[2ex] D_k = \dfrac{B_k + \chi_k A_k}{1 + \chi_k^2} \end{array} \right\} \quad (6.41)$$

ここに

$$\chi_k = \frac{6k\pi\varepsilon}{\omega_0 T} \left\{ \frac{1}{3} \left(\frac{4k\pi}{\omega_0 T} \right)^2 - 1 \right\} \quad (6.42)$$

とおいている．したがって，入力データ $f(t)$ のフーリエ係数 A_k と B_k を知って(6.41)により C_k と D_k を求めれば，フィルター出力 $g(t)$ が得られることになる.

図1.3「虫がいる時系列データ」からトレンドを除去したものを入力 $f(t)$ として，上記の計算を実施する．その出力 $g(t)$ に除去したトレンドを加えたものが図6.6である．$\omega_0 T = 20\pi$ として，$\varepsilon_0 = 0.1$ および 0.2 の場合を計算したものである．結果として，上記の計算操作は明らかに低域フィルターの働きを備えていることがわかる.

なお，ローカットフィルターのパワースペクトルは(6.34)より

$$1-|H_n(\omega)|^2 = \frac{\varepsilon^2 T_n{}^2(\omega/\omega_0)}{1+\varepsilon^2 T_n{}^2(\omega/\omega_0)}$$

となることがわかる．また，カットオフ角周波数が ω_0 のハイカットフィルターと，カットオフ角周波数が $\omega_1<\omega_0$ のローカットフィルターとを組み合わせれば，結果として帯域フィルターが得られることも理解される．

参考文献

1) 一般のフィルターに関する記述は「フーリエ解析」の教科書や参考書の中に部分的に含まれる．また電気通信・情報工学関係の数理解説書の中に詳しい記述が含まれることが多い．
2) 数学公式集参照．もっとも一般的な公式集は例えば
 "森口繁一・宇田川銈久・一松 信：岩波数学公式 I 微分積分・平面曲線, pp. 362, 1987；II 級数・フーリエ解析, pp. 362, 1987；III 特殊関数, pp. 362, 1987, 岩波書店．"
3) "斉藤正徳・石井吉徳：簡単な Recursive フィルター．物理探鉱, **22**, 527-532, 1969．"
 日本物理探査学会誌「物理探鉱」は現在「物理探査」と名称が変更されている．

7 2次元データを処理する

　地球科学の分野では，データが2次元空間的な広がりをもつ，いわゆる平面図として与えられる場合が多い．これに対して，前章まで取り扱ってきた1次元データはおもに時間的変化，つまり時系列データであった．時間と空間の違いはあるものの，2次元データを処理する数学的方法は1次元の方法と基本的にかわりはない．ただデータの数が2乗倍に増加するために，その取扱いがかなり煩雑になるのはやむを得ない．本章では，できるだけこの種の煩雑さを避けながら，モデルと実例を通して2次元問題に取り組む．

7.1 2次元に拡張する

(1) **座標のとり方**

　2次元問題に入る前に，まず座標のとり方から始めよう．通常の直角座標(x, y)では，原点Oを起点に，紙面を左から右へ横軸をx軸とし，x軸に直角にOから上に向けて縦軸をy軸とする．これに対して，これから取り扱う2次元データにおいては，x軸は同様に左から右へ向かう横軸にとるが，y軸は反対に上から下へ向かう縦軸とする．これは2次元データの広がりを地図，あるいはブラウン管上の画面と考えるからで，コンピュータ計算を前提とした設定である．しかし対象によっては，負の領域まで広げて考えることもある．

　ディジタルデータでは，x, y方向のサンプリング間隔をそれぞれ$\Delta x, \Delta y$とし，かつ$x = m\Delta x$ $(m = 0, 1, 2, \cdots, M-1)$, $y = n\Delta y$ $(n = 0, 1, 2, \cdots, N-1)$とおくことにより，$f(x, y)$にかわって$f(m, n)$と表記する．データの範囲は境界線$x = 0$と$x = (M-1)\Delta x$, $y = 0$と$y = (N-1)\Delta y$に囲まれた長方形領域となる(図7.1参照)．このとき，座標点(m, n)をグリッド(grid)といい，サンプリング間隔をグ

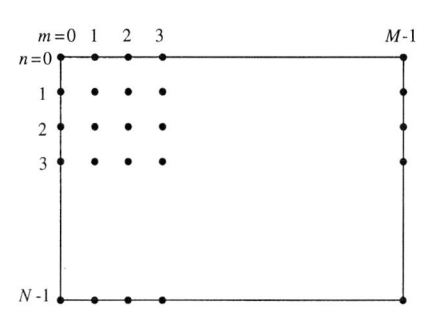

図 7.1 2次元座標のとり方

リッド間隔という．また，Δx と Δy で囲まれる単位長方形の網目をメッシュ(mesh)という．

(2) 2次元データの虫取り

2次元データに"虫"がいるまま等高線を描くと，その位置に異常なピークが現れるので，一見して異常が発見できる．しかし1章で紹介した2次微分法を用いて異常を発見しようとするときは，つぎのようにする．まず，2階微分(1.11)に対応する2次元の式を書く．それは

$$\frac{\partial^2 f(x,y)}{\partial x^2} + \frac{\partial^2 f(x,y)}{\partial y^2}$$

$$\approx \frac{f(m+1,n)+f(m-1,n)-2f(m,n)}{(\Delta x)^2}$$

$$+ \frac{f(m,n+1)+f(m,n-1)-2f(m,n)}{(\Delta y)^2} \tag{7.1}$$

のように書かれる．$\Delta x = \Delta y = 1$ とおいて(1.17)に対応する式を記すと

$$g(m,n) = 4f(m,n) - f(m+1,n) - f(m-1,n) - f(m,n+1) - f(m,n-1) \tag{7.2}$$

とすることができる．

(7.2)を用いて2次元データの虫退治を実施するものとすれば，虫がいる位置で$|g(m,n)|$が際立って大きい値を示すので判定が容易にできる．地図上で緯度・経度を基準にしてサンプリングすると，メッシュは近似的に長方形となる．このときには $\Delta x = \Delta y$ ではないが，正方形に近い長方形ならば，メッシュの形を気にせず，(7.2)をそのまま用いて異常の判定をしてよい．

なお，2次元の2次微分法を「ラプラス演算子法(Laplace operator method)」とよぶことがある．それは(7.1)の左辺に用いている微分演算子

$$\nabla^2 = \frac{\partial^2}{\partial x^2} + \frac{\partial^2}{\partial y^2} \tag{7.3}$$

は物理数学でラプラス演算子(Laplacian operator)とよばれ,$\nabla^2 f(x, y) = 0$ はラプラス方程式(Laplace equation)とよばれるからである.ラプラス演算子を用いて(7.1)を書き直しておくと便利である.$\Delta x = \Delta y = 1$ の場合にそれは

$$\nabla^2 f(m, n) = f(m-1, n) + f(m+1, n) + f(m, n-1) + f(m, n+1)$$
$$- 4f(m, n) \tag{7.4}$$

となる.

(3) 欠測を補間する

虫食い穴の補間法を2次元に拡張するため,(1.18)に対応する2次元の微分方程式

$$\nabla^4 f(x, y) = \frac{\partial^2 \nabla^2 f(x, y)}{\partial x^2} + \frac{\partial^2 \nabla^2 f(x, y)}{\partial y^2}$$
$$= \frac{\partial^4 f(x, y)}{\partial x^4} + 2\frac{\partial^4 f(x, y)}{\partial x^2 \partial y^2} + \frac{\partial^4 f(x, y)}{\partial y^4} = 0 \tag{7.5}$$

を導入する.この演算はラプラス演算子を2重に掛けたもので,(7.5)はバイラプラス方程式(bi-Laplace equation)とよばれる.

境界条件は(1.19)に対応して,$x = 0$ と $x = (M-1)\Delta x$ の境界線上では

$$\nabla^2 f(x, y) = 0, \quad \frac{\partial \nabla^2 f(x, y)}{\partial x} = 0 \tag{7.6}$$

が,また $y = 0$ と $y = (N-1)\Delta y$ の境界線上では

$$\nabla^2 f(x, y) = 0, \quad \frac{\partial \nabla^2 f(x, y)}{\partial y} = 0 \tag{7.7}$$

が成立するものとする.

ここで,これらの式を差分に書き改める.1次元の場合と異なり,かなり複雑な記述となるので,簡単化のため特別に $\Delta x = \Delta y$ の場合の式のみ記すことにする.実際問題としてメッシュが正方形に近ければ,Δx と Δy の差を考慮することなしに,計算を進めて差し支えない.また補間すべき欠測点も含めて,データはすべてグリッド上にのみ与えられるものとする.

まず,(7.5)を差分に書き換える.それは(7.4)の両辺にラプラス演算子を掛けたもの,すなわち $\nabla^4 = \nabla^2 \cdot \nabla^2$ であるから

$$\nabla^4 f(m, n) = \nabla^2 f(m-1, n) + \nabla^2 f(m+1, n) + \nabla^2 f(m, n-1) + \nabla^2 f(m, n+1)$$
$$- 4\nabla^2 f(m, n)$$

$$\begin{aligned}
&= f(m-2, n) + f(m+2, n) + f(m, n-2) + f(m, n+2) \\
&\quad + 2\{f(m-1, n-1) + f(m-1, n+1) + f(m+1, n-1) \\
&\quad + f(m+1, n+1)\} - 8\{f(m-1, n) + f(m+1, n) + f(m, n-1) \\
&\quad + f(m, n+1)\} + 20 f(m, n) \\
&= 0 \quad\quad\quad\quad\quad\quad\quad\quad\quad\quad\quad\quad\quad\quad\quad\quad\quad\quad (7.8)
\end{aligned}$$

とすることができる．

そして欠測点におけるデータの補間計算は，(7.8)から得られる式

$$\begin{aligned}
f(m, n) = \frac{1}{20}[&-f(m-2, n) - f(m+2, n) - f(m, n-2) - f(m, n+2) \\
&- 2\{f(m-1, n-1) + f(m-1, n+1) + f(m+1, n-1) \\
&+ f(m+1, n+1)\} + 8\{f(m-1, n) + f(m+1, n) \\
&+ f(m, n-1) + f(m, n+1)\}] \quad\quad\quad (7.9)
\end{aligned}$$

を用いて反復することになる．まず，第0近似として欠測点をすべて「適当な値」で埋める．第0近似値の選び方および反復法については，1章に述べた方法と基本的にはかわらない．

ところが(7.9)を適用しようとすると，データ領域の境界線上とそれに隣接する行あるいは列については計算ができないことがわかる．例えば，$m=0$ と $m=1$ について(7.9)を書き下してみると，$f(-1, n), f(-2, n)$ などの領域外のダミーデータが含まれる．そこでこれらを消去するために，境界条件を用いることとなる．

まず，境界条件(7.6)の第1式を差分により書き改めると

$$\nabla^2 f(0, n) = 0$$

となり，また第2式からは

$$\nabla^2 f(-1, n) - \nabla^2 f(1, n) = 0$$

が得られる．そのため $m=0$ と $m=1$ の場合には，(7.8)にかわってそれぞれ

$$\begin{aligned}
\nabla^4 f(0, n) &= 2\nabla^2 f(1, n) \\
&= 2\{f(0, n) + f(2, n) + f(1, n-1) + f(1, n+1) - 4f(1, n)\} \\
&= 0 \quad\quad\quad\quad\quad\quad\quad\quad\quad\quad\quad\quad\quad\quad\quad (7.10)
\end{aligned}$$

$$\begin{aligned}
\nabla^4 f(1, n) &= \nabla^2 f(2, n) + \nabla^2 f(1, n-1) + \nabla^2 f(1, n+1) - 4\nabla^2 f(1, n) \\
&= f(0, n-1) + f(0, n+1) + f(1, n-2) + f(1, n+2) + f(3, n) \\
&\quad - 4f(0, n) + 2\{f(2, n-1) + f(2, n+1)\} - 8\{f(1, n-1) \\
&\quad + f(1, n+1) + f(2, n)\} + 19 f(1, n) \\
&= 0 \quad\quad\quad\quad\quad\quad\quad\quad\quad\quad\quad\quad\quad\quad\quad (7.11)
\end{aligned}$$

が成立することになる．

とくに $m=n=1$ のとき (7.10) はそのまま使用できるが, (7.7)の第1式の差分が

$$\nabla^2 f(1, 0) = 0$$

となることから, (7.11) は別の式

$$\begin{aligned}\nabla^4 f(1, 1) &= \nabla^2 f(2, 1) + \nabla^2 f(1, 2) - 4\nabla^2 f(1, 1) \\ &= f(0, 2) + f(1, 3) + f(2, 0) + f(3, 1) + 2f(2, 2) \\ &\quad - 4\{f(0, 1) + f(1, 0)\} - 8\{f(2, 1) + f(1, 2)\} + 18f(1, 1) \\ &= 0 \end{aligned} \qquad (7.12)$$

に置き換えなくてはならない.

以上のことから, 境界線 $m=0$ の上では, $n=1, 2, 3, \cdots, N-2$ について (7.9) に

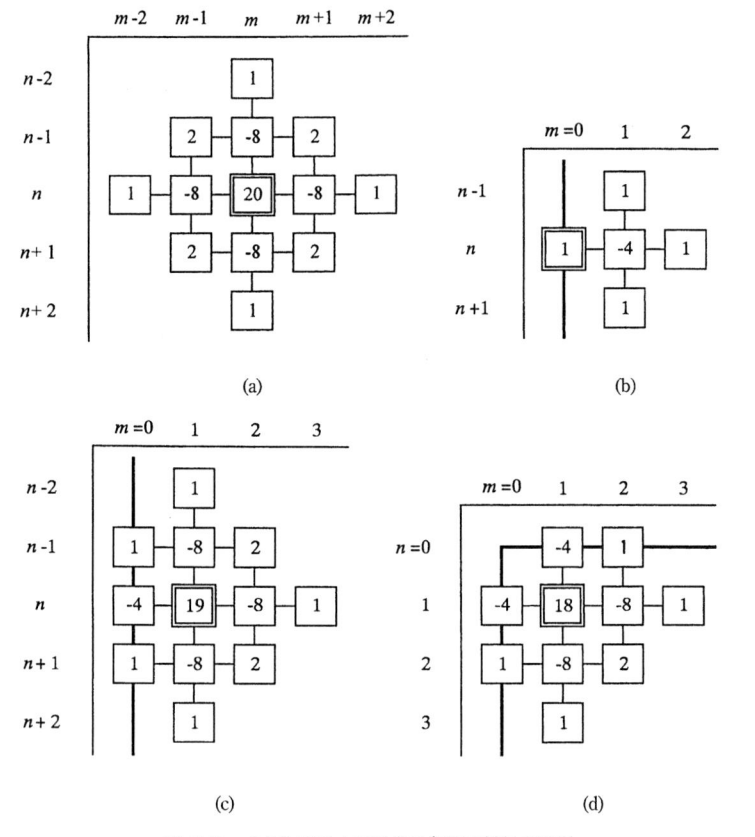

図 7.2 バイラプラス方程式の各項の係数の配列
(a) $\nabla^4 f(m, n) = 0$; 本文中の式 (7.8), (b) $\nabla^4 f(0, n) = 0$; (7.10),
(c) $\nabla^4 f(1, n) = 0$; (7.11), (d) $\nabla^4 f(1, 1) = 0$; (7.12).

かわって

$$f(0, n) = -f(2, n) - f(1, n-1) - f(1, n+1) + 4f(1, n) \qquad (7.13)$$

を，また隣接する $m=1$ の線上では，$n=2, 3, 4, \cdots, N-3$ について (7.9) にかわって

$$\begin{aligned}f(1, n) = \frac{1}{19}[&-f(0, n-1) - f(0, n+1) - f(1, n-2) - f(1, n+2) \\ &-f(3, n) + 4f(0, n) - 2\{f(2, n-1) + f(2, n+1)\} \\ &+8\{f(1, n-1) + f(1, n+1) + f(2, n)\}] \end{aligned} \qquad (7.14)$$

を用いることとなる．とくに $n=1$ の場合には (7.14) ではなく

$$\begin{aligned}f(1, 1) = \frac{1}{18}[&-f(0, 2) - f(1, 3) - f(2, 0) - f(3, 1) - 2f(2, 2) \\ &+4\{f(0, 1) + f(1, 0)\} + 8\{f(2, 1) + f(1, 2)\}] \end{aligned} \qquad (7.15)$$

により反復計算する．

他の3辺の境界線 $m=M-1$，$n=0$ および $n=N-1$ についても，同様な関係が成立する．このような計算を繰り返して，欠測点での計算値が収束を見た段階で反復を終了する．

図 7.2 は (7.8)，(7.10)，(7.11) および (7.12) の各項の係数の配列を示すブロックダイアグラムである．なお，データの範囲の4隅の点 $(0, 0)$，$(M-1, 0)$ などは計算に無関係であるので，$\nabla^4 f(0, 0)$，$\nabla^4 f(M-1, 0)$ などを計算する必要はない．そのため観測データが4隅の点に位置しないように，あらかじめデータの範囲に配慮する必要がある．

(4) 等高線を引く

地球科学の分野だけではなく，いろいろな分野で観測量の地域的変化を調査することがある．地図上にサンプリング地点をプロットし，観測値を記入するとと

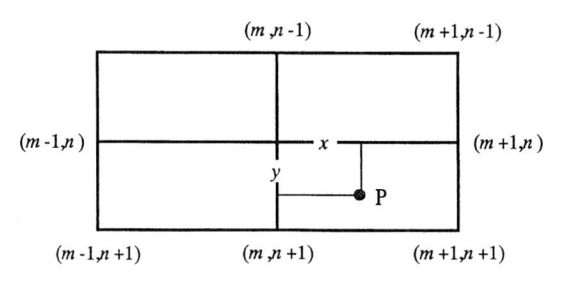

図 7.3 観測データがグリッドから外れた位置 (点 P) にある場合

116　　　　　　　　　　7　2次元データを処理する

(a)

```
          ┌─────────────────┐    ┌─────────────┐
          │ -y(1-x)(1-y)/2  │    │ -xy(1-y)/2  │
          └─────────────────┘    └─────────────┘
┌────────────────┐ ┌─────────────────┐ ┌──────────────────┐
│ -x(1-x)(1-y)/2 │ │ (1-x)(1-y)(1+x+y)│ │ x(1-y)(1+x+2y)/2 │
└────────────────┘ └─────────────────┘ └──────────────────┘
                           │ y
                           │ x
          ┌─────────────┐ ┌───────────────────┐ ┌────────────┐
          │ -xy(1-x)/2  │ │ y(1-x)(1+2x+y)/2  │ │ xy(x+y)/2  │
          └─────────────┘ └───────────────────┘ └────────────┘
```

(b)

```
          ┌─────────────┐ ┌───────────────────┐ ┌────────────┐
          │ xy(1-x)/2   │ │ -y(1-x)(1+2x-y)/2 │ │ -xy(x-y)/2 │
          └─────────────┘ └───────────────────┘ └────────────┘
                                   │ x
                                   │ y
┌────────────────┐ ┌─────────────────┐ ┌──────────────────┐
│ -x(1-x)(1+y)/2 │ │ (1-x)(1+y)(1+x-y)│ │ x(1+y)(1+x-2y)/2 │
└────────────────┘ └─────────────────┘ └──────────────────┘
          ┌──────────────────┐ ┌────────────┐
          │ y(1-x)(1+y)/2    │ │ xy(1+y)/2  │
          └──────────────────┘ └────────────┘
```

(c)

```
          ┌─────────────┐ ┌───────────────────┐ ┌────────────┐
          │ -xy(x+y)/2  │ │ -y(1+x)(1-2x-y)/2 │ │ -xy(1+x)/2 │
          └─────────────┘ └───────────────────┘ └────────────┘
                                  │ x
                                  │ y
┌────────────────────┐ ┌─────────────────┐ ┌──────────────────┐
│ -x(1+y)(1-x-2y)/2  │ │ (1+x)(1+y)(1-x-y)│ │ x(1+x)(1+y)/2   │
└────────────────────┘ └─────────────────┘ └──────────────────┘
          ┌─────────────┐ ┌───────────────────┐
          │ -xy(1+y)/2  │ │ y(1+x)(1+y)/2     │
          └─────────────┘ └───────────────────┘
```

(d)

```
          ┌─────────────┐ ┌───────────────────┐
          │ xy(1-y)/2   │ │ -y(1+x)(1-y)      │
          └─────────────┘ └───────────────────┘
┌────────────────────┐ ┌─────────────────────┐ ┌──────────────────┐
│ -x(1-y)(1-x+2y)/2  │ │ (1+x)(1-y)(1-x+y)   │ │ x(1+x)(1-y)/2   │
└────────────────────┘ └─────────────────────┘ └──────────────────┘
                           │ y
                           │ x
          ┌─────────────┐ ┌───────────────────┐ ┌────────────┐
          │ xy(x-y)/2   │ │ y(1+x)(1-2x+y)/2  │ │ xy(1+x)/2  │
          └─────────────┘ └───────────────────┘ └────────────┘
```

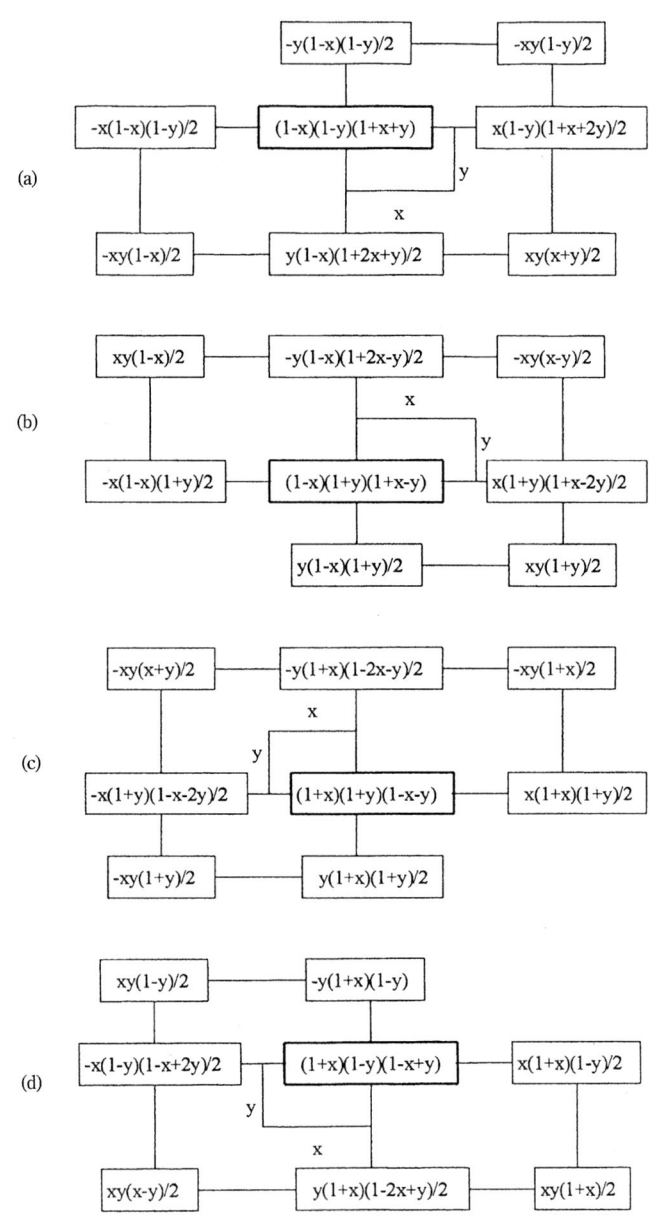

図 7.4　補間式(7.16)右辺各項の係数の配列
(a) $f(m+x, n+y)$, (b) $f(m+x, n-y)$, (c) $f(m-x, n-y)$,
(d) $f(m-x, n+y)$.

もに，地域的変化の特徴や傾向を抽出するために，地図上に等高線を描く．いわゆるマシンコンタリング(machine contouring)にはさまざまな方法があり，本書で述べた反復法による2次元データ補間法をそのまま使用することができる．そこでは不等間隔データであっても，データはすべてグリッド上にのみ与えられるものとする．

データがグリッドから外れた位置にある場合の取扱いには，1章に紹介した1次元データの場合と同じくテーラー展開を用いる方法がある．測地学や地球物理学の分野では，これを「ブリッグス(Briggs)[1]の方法」とよんでいる．

いま図7.3に示すように，グリッド(m, n)からみて(x, y)の位置にデータが与えられるものとする．この際$0<x\leq1/2$, $0<y\leq1/2$とすれば，補間式は

$$f(m+x, n+y) = (1-x)(1-y)(1+x+y)f(m, n)$$
$$+\frac{1}{2}\{x(1-y)(1+x+2y)f(m+1, n)$$
$$-x(1-x)(1-y)f(m-1, n)$$
$$+y(1-x)(1+2x+y)f(m, n+1)$$
$$-y(1-x)(1-y)f(m, n-1)$$
$$+xy(x+y)f(m+1, n+1)$$
$$-xy(1-x)f(m-1, n+1)$$
$$-xy(1-y)f(m+1, n-1)\} \qquad (7.16)$$

となる(図7.4(a))．同様に$f(m+x, n-y)$, $f(m-x, n-y)$, $f(m-x, n+y)$の右辺各項の係数をそれぞれ図7.4(b)～(d)にまとめる．

各式とも$f(m\pm x, n\pm y)$の値が既知であり，$f(m, n)$などのグリッド上の値は未知であるので，(7.9)のように$f(m, n)=\cdots$と反復計算を繰り返す．

7.2 リニアメントを抽出する

(1) 紙片法による

地形図の中に直線状に延びている谷筋があれば，断層の可能性があるといわれる．地形図を見慣れている人ならば，直線状に延びる構造リニアメント(lineament)を容易に見出すことができるであろう．しかし本節では，あえて計算による抽出法を紹介する．

まず前節の(2)で述べた「虫取り法」の2次微分法を地形データに応用することで，リニアメントの抽出を試みる．

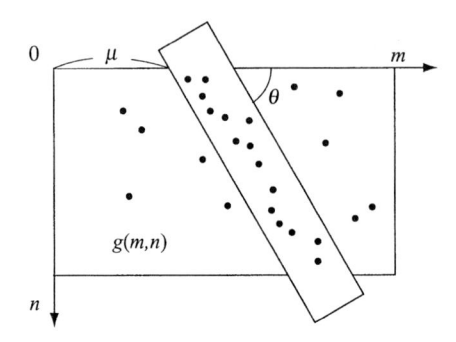

図 7.5 「紙片法」によるリニアメント抽出
黒丸は $g(m, n) = 1$ のグリッド.

$f(m, n)$ を地形高度とするとき，(7.4)により与えられる $\nabla^2 f(m, n)$ は谷筋では正の値をとり，逆に尾根では負の値をとる．正の範囲が直線状に分布するときには，谷筋に沿って断層が存在する可能性がある．

得られた $\nabla^2 f(m, n)$ 値からノイズを除去するために，あるレベル以下の値を除去し，新たに

$$g(m, n) = \begin{cases} 1 & : \nabla^2 f(m, n) \geq g_0 \\ 0 & : \nabla^2 f(m, n) < g_0 \end{cases} \tag{7.17}$$

を定義する．ここに，g_0 は正の値をとり，しきい値とよばれる．

g_0 値のとり方にはとくに規則はない．いろいろな値をとってみてもっとも適した値を選ぶ．$g(m, n)$ の地形図では，谷筋が1に，その他の範囲は0となる．リニアメント抽出のためには，1の範囲が直線状に細長く配列するか否かを検証しなければならない．

直線性の判定に用いられる方法にはいろいろあるが，まずもっとも簡単な「紙片法」とでもいうべき方法を紹介しよう．それは図7.5のように，$g(m, n)$ の地形図上に細長い長方形の紙片を重ね，紙片で隠された $g(m, n) = 1$ の格子点の数を計測する方法である．図の θ と μ をかえながら紙片を移動していくとき，隠される格子点の数が極大値をとる位置にリニアメントがある．実際には紙片の陰になって計測できないので，OHP用紙のような透明紙に長方形の枠を描き，枠内に入る格子点の数を計測することになる．この方法は，コンピュータ計算で容易に実行が可能である．しかし紙片の幅を広くとれば，計測される格子点の数は増えるが，リニアメントもまた幅広くなる．長方形の幅をどうとるかは試行錯誤の末に決めるしかない．

(2) ハフ変換による

画像解析でよく用いられる直線の当てはめ法に，ハフ変換(Hough transform)による方法がある．この方法も地形図からリニアメントを抽出する手段に応用できるので，つぎにこれを紹介しよう．いま $g(m, n)=1$ の値をとる K 個の点が一直線上に配列すると仮定する．これらの点は (m, n) 座標上で，直線を表す式

$$\rho = m\cos\theta + n\sin\theta \tag{7.18}$$

を満足するに違いない．ここに，θ は直線の法線が m 軸と交わる角，ρ は原点から直線までの距離である．K 個の座標点をそれぞれ (m_k, n_k) $(k=1, 2, \cdots, K)$ により表すものとすれば，これらの点はいずれも上記の方程式を満足する．すなわち

$$\rho = m_k\cos\theta + n_k\sin\theta \tag{7.19}$$

が成り立つ．

座標点 (m_k, n_k) を固定し，θ を横軸に ρ を縦軸にして(7.19)の (θ, ρ) 図形を描いてみる．θ の値を $0° \leq \theta < 180°$ の範囲で変化させながら ρ の値を求めてみると，図形は正弦曲線となる．正弦曲線は (m_k, n_k) ごとに異なるが，k のいかんによらずある1点 (θ_0, ρ_0) において交わるはずである．このようにして (θ_0, ρ_0) が求まれば

$$\rho_0 = m\cos\theta_0 + n\sin\theta_0 \tag{7.20}$$

は K 個の点が配列する直線を与える．つまり，(7.19)がリニアメントを表す (m, n) 座標上の方程式にあたる(図7.6)．

実際のデータを用いたリニアメント抽出では，完全に直線上ではなくばらつきがあるため，正弦曲線の交点もある点の周辺にばらつく傾向を示す．ばらつきの中心の座標をもって (θ_0, ρ_0) を決定することになる．

では，ハフ変換法を用いてディジタル地形データから実際にリニアメントを抽出した例[2] を紹介する．地形データとしては，国土数値情報(KS-110)[3] より 1/20

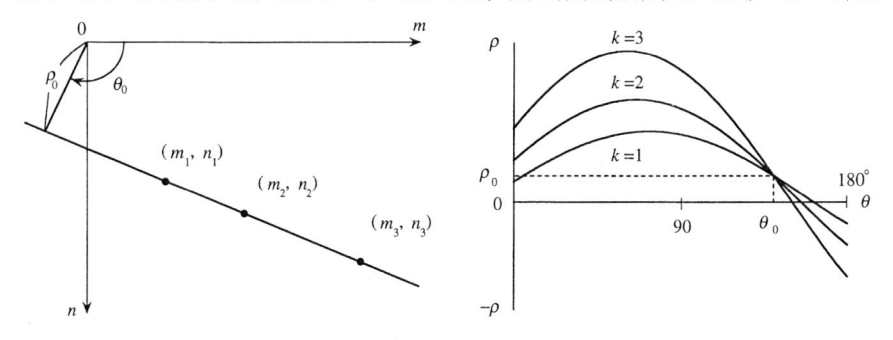

図 7.6 座標 (m, n) から (θ, ρ) へのハフ変換の原理

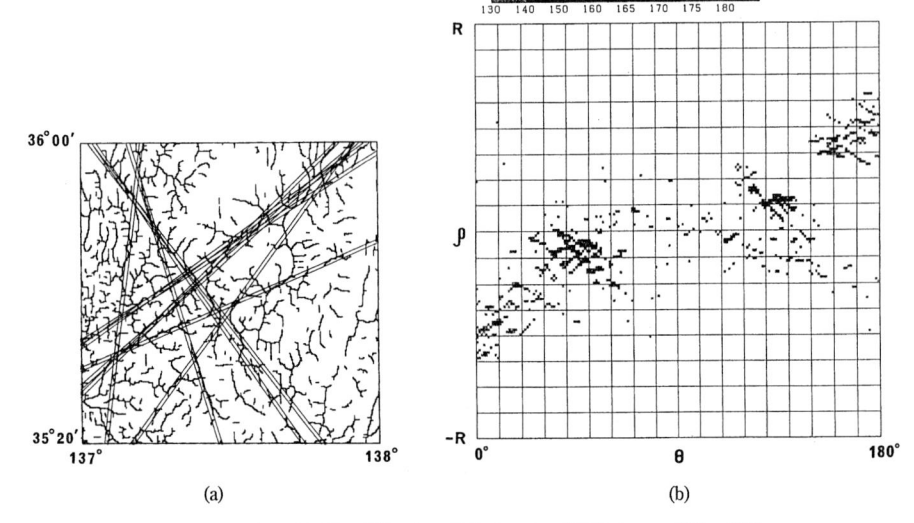

図 7.7 1/20万地形図「飯田」の標高データに適用したハフ変換の実例
(a)ジグザグ線は谷線，平行線はハフ変換により抽出されたリニアメント，(b)得られた(θ, ρ)図形．

万地形図の「飯田」(緯度 $35°20'\sim 36°00'$N，経度 $137°\sim 138°$E)に相当する部分を切り出して使用する．この地域には長さ数十 km に及ぶ阿寺断層が縦断しているため，リニアメント抽出に適していると考えられる．

標高データは緯度差 $7.5''$，経度差 $11.25''$ で標本化されているため，中部日本では南北方向が約 230 m，東西方向が約 280 m で正確には正方形グリッドではないが，ここでは正方形グリッドとみなして計算を実行する．図 7.7(a)中のジグザグの線は(7.17)を使用して得られた谷線である．

このデータにハフ変換法を適用してリニアメントを抽出する．その結果を図 7.7(b)に示す．(θ, ρ)図形の横軸に $0 \leq \theta < 180°$ を，縦軸に $-R/2 \leq \rho \leq R/2$ (R は原図形の領域の大きさ)をとる．$2° \leq \theta \leq 179°$ の範囲で幅 $3°$，ρ は R を 120 等分したメッシュ内で，θ-ρ 曲線が通過する頻度の高いものから 10 番目までの直線を描いたものが，図 7.7(a)中の平行線である．阿寺断層とその共役な方向の断層系が検出されるが，これらと斜交するリニアメントも検出されている．

7.3 フィルターをかける

(1) 2次元ウィンドウを開く

本来ならば2次元周期分析を学んだ後に2次元フィルターに入るのが順である

が，実用を考えると順序は必要でない．ここでは簡単な長方形ウィンドウの応用例を紹介する．

2次元データ $f(m, n)$ （ただし $m=0, 1, 2, \cdots, M$; $n=0, 1, 2, \cdots, N$）に関する長方形ウィンドウはつぎのように定義される．

$$g(m, n) = \frac{1}{(2M+1)(2N+1)} \sum_{m'=-M}^{M} \sum_{n'=-N}^{N} f(m-m', n-n') \quad (7.21)$$

すなわち座標点 (m, n) を中心に横に $2M+1$ 個，縦に $2N+1$ 個の長方形領域をとり，その領域内のデータ $(2M+1) \times (2N+1)$ 個の平均値をもって $g(m, n)$ とする．

1次元の長方形ウィンドウが一種のハイカットフィルターとして作用したように，2次元の場合もまた同様の効果を表す．なお，長方形領域にかわって点 (m, n) を中心とする円形領域とする計算法もあるが，フィルター出力はそんなにかわら

(a)

(b)

(c)

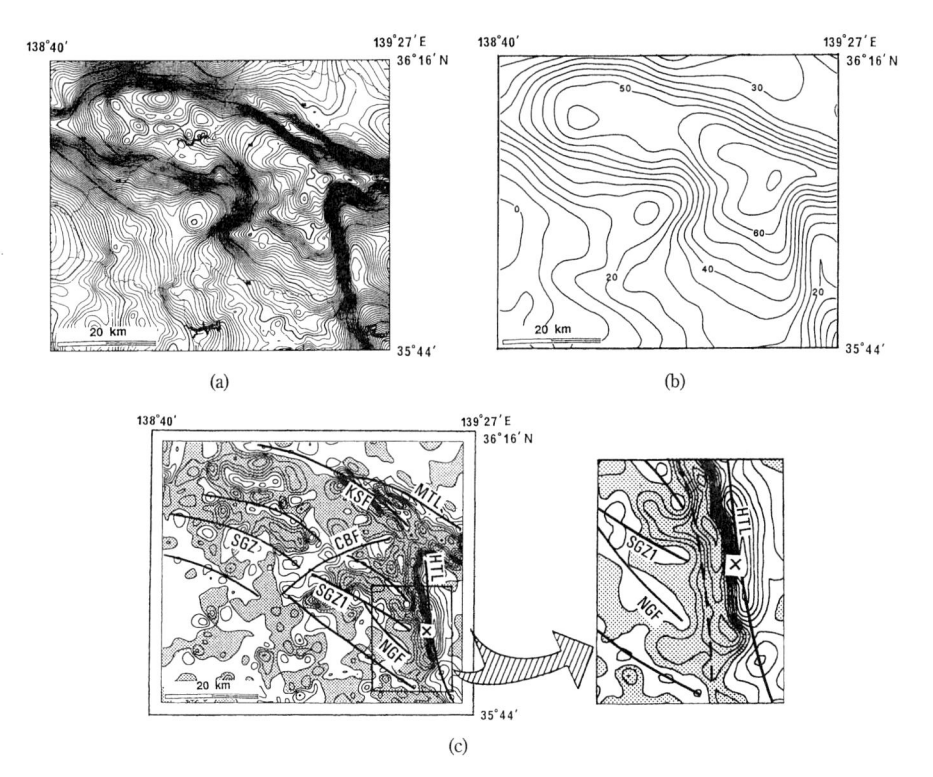

図 7.8 長方形ウィンドウの適用例
(a)関東山地の重力異常[4]（ブーゲ異常[単位：mgal]），(b)長方形ウィンドウにより抽出された長波長成分，(c)短波長重力異常（原データより長波長成分を取り除いた残差，陰影部は正の領域），SGZ は山中地溝帯，SGZ 1 は短波長重力異常により推定された地溝帯，×印は白亜紀堆積物の発見地点．

図7.8(a)は，秩父盆地を中心とする関東山地の重力異常[4]（ブーゲ異常［単位：mgal］）である．図に示す地域には2348点の重力測定データがある．これをもとに緯度・経度方向120×140個のメッシュ（近似的に一辺約500mの正方形）についてブリッグスの方法を適用したものである．これに$M=N=5$として計算した(7.21)の出力$g(m, n)$が図7.8(b)である．明らかに長波長成分のみを効果的に抽出している．

ついで短波長成分であるが，ここでは簡単な計算法として原データ$f(m, n)$から得られた長波長成分$g(m, n)$を取り除いた残差をもって短波長成分（短波長重力異常とよぶ）としている．図7.8(c)がそれで，正の短波長重力異常の範囲に陰影をつけている．図の中央の秩父盆地より西側ではWNW-ESE，東側ではおもにNW-SE方向のリニアメントが卓越している様子が見られる．

秩父盆地の西側には「山中地溝帯」とよばれる地溝帯がWNW-ESE方向に走っていて，これが負の短波長重力異常に対応している．周辺部の地層に比べて，密度の低い白亜紀堆積物が地溝帯を満たしているためである．しかし秩父盆地東部の関東山地では，隆起と浸食作用により地溝帯は欠落している．関東山地東縁部にわずかに残る白亜紀堆積物の露頭が，地溝帯存在の唯一の地質学的証拠とされる．ここでは負の短波長重力異常を追跡することにより，地溝帯の延長部を推定した例[5]を紹介する．図7.8(c)ではSGZが山中地溝帯，SGZ1が短波長重力異常により推定される地溝帯にあたる．白亜紀堆積物が発見された地点（図中の×印）は，SGZ1の東方延長線上にあることがわかる．

(2) 異常点を見出す

X線画像の医学的診断の分野で用いられている特殊なフィルター[6]を，地球科学データ解析に応用した例[7]について紹介する．1984年長野県西部地震（M 6.8）の震源断層付近の重力異常[8]にこのフィルターを応用して，本震と最大余震の震央の位置を異常点として検出することに成功したものである．

いま重力異常データを$f(i, j)$ $(i=1, 2, 3, \cdots, I; j=1, 2, 3, \cdots, J)$により表す．一方，4個の要素をもつウォルシュ関数（Walsh function）$WAL(n, i)$を図7.9に示す．ウォルシュ関数については章末の囲み記事を参照されたい．

さて，座標$(i+1/2, j+1/2)$を中心とする$4×4$点の$f(i, j)$について，ウォルシュ変換とよばれるつぎの演算を施す．すなわち

7.3 フィルターをかける

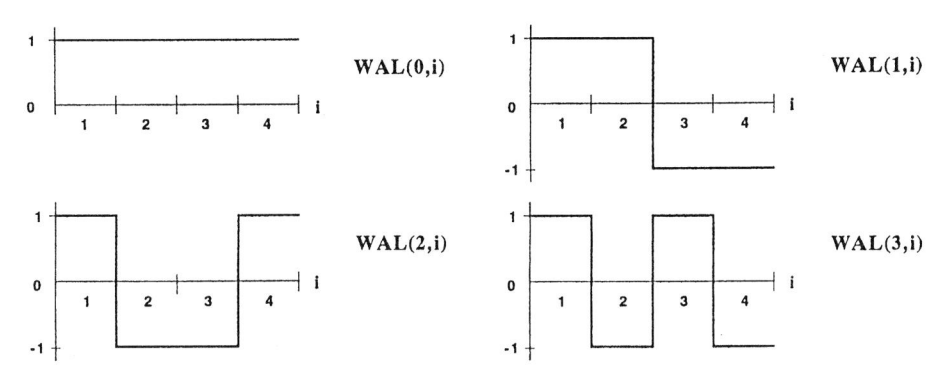

[図: WAL(0,i), WAL(1,i), WAL(2,i), WAL(3,i) の4要素のウォルシュ関数]

図 7.9　4要素のウォルシュ関数

$$h(i+1/2, j+1/2, m, n) = \sum_{i'=1}^{4}\sum_{j'=1}^{4} f(i+i'-2, j+j'-2)\,\mathrm{WAL}(m, i')$$
$$\times \mathrm{WAL}(n, j') \qquad (7.22)$$

ただしこの計算は $i=1,2,3,\cdots,I-2$；$j=1,2,3,\cdots,J-2$ の範囲について実施される．

ついで，このようにして得られた h の値に対して重み関数

$$w(m, n) = \begin{cases} 0 & : m=n=0 \\ (7-m-n)^{-k} & : \text{それ以外の場合} \end{cases} \qquad (7.23)$$

を適用する．すなわち

$$g(i+1/2, j+1/2) = \sum_{m=0}^{3}\sum_{n=0}^{3} w(m, n)\,h(i+1/2, j+1/2, m, n) \qquad (7.24)$$

とする．これが最終的な出力である．

図 7.10 (a) は重力異常(ブーゲ密度 $2.59\,\mathrm{g/cm^3}$, 等高線間隔 $0.5\,\mathrm{mgal}$)と震央分布である．余震の震央が重力異常の急勾配に沿って分布している様子がわかる．その位置に震源断層が存在する．一方，図の左下に NW-SE の方向性をもつ阿寺断層が重力異常の急勾配となって見られる．震源断層は阿寺断層と共役な関係にあることがわかる．

図 7.10 (b) は (7.23) において $k=2$ としたときの (7.24) の出力，(c) は $k=3$ の場合のそれである．ともに■印の範囲が $|g|\geqq 2\,\mathrm{mgal}$，×印の範囲が $2>|g|\geqq 1\,\mathrm{mgal}$ の異常域に対応する．(b) では震源断層と阿寺断層に沿って異常域が配列する．(c) ではとくに顕著な異常域のみが残る．つまり，ここで紹介した特殊なフィルターは，一般的に画像の中から微細な異常域を抽出する効果をもつことがわかる．

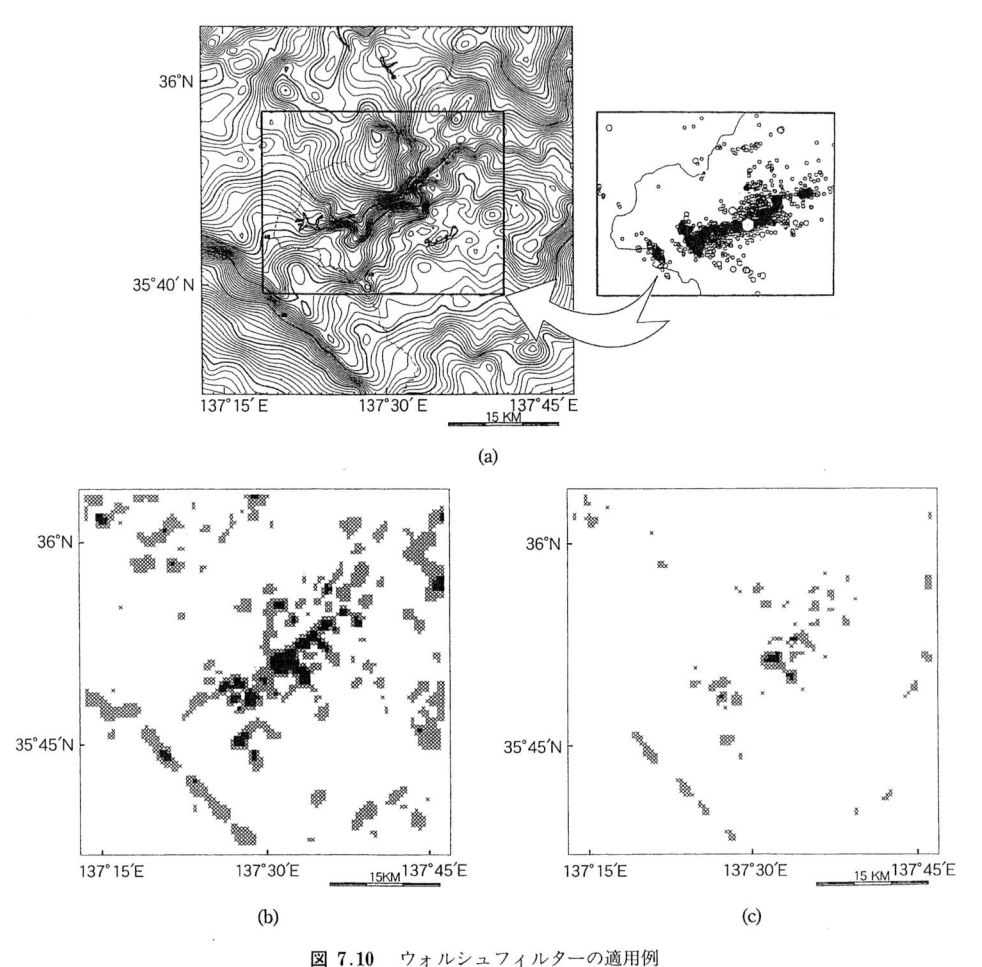

図7.10 ウォルシュフィルターの適用例
(a)1984年長野県西部地震の震源断層付近の重力異常と震央分布[8], 白抜きの六角形が本震, 白丸が余震の震央, (b)重み関数(7.23)のパラメータを $k=2$ としたときのフィルター出力, (c)同じく $k=3$ のときの出力.

興味深いことには, 図7.10(c)の中央部の異常域が本震の震央に, その左下の小さい異常域が最大余震の震央にほぼ一致している. (a)の重力異常図をよく見ると, これらの異常域は小さい等高線の突起部と一致している. おそらく地殻応力がこの突起部に集中した結果, まず最初に本震が発生し, ついで最大余震に移ったものと考えられる.

7.4 周波数分析をする

(1) フーリエ級数に展開する

2次元連続関数 $f(x,y)$ ($0 \leq x < L_1, 0 \leq y < L_2$) のフーリエ級数展開を試みよう．$(L_1, L_2)$ 周期性を仮定して，級数展開はつぎの形式で書かれる．

$$f(x,y) = \sum_{\mu=0}^{\infty} \sum_{\nu=0}^{\infty} \Big(A_{\mu\nu} \cos\frac{2\mu\pi x}{L_1} \cos\frac{2\nu\pi y}{L_2} + B_{\mu\nu} \cos\frac{2\mu\pi x}{L_1} \sin\frac{2\nu\pi y}{L_2}$$
$$+ C_{\mu\nu} \sin\frac{2\mu\pi x}{L_1} \cos\frac{2\nu\pi y}{L_2} + D_{\mu\nu} \sin\frac{2\mu\pi x}{L_1} \sin\frac{2\nu\pi y}{L_2} \Big)$$
(7.25)

ここに，$A_{\mu\nu}$，$B_{\mu\nu}$ などは2次元フーリエ係数である．1次元の場合，例えば(5.1)では，次数0の項を特別に取り扱ったが，ここでは引っくるめて取り扱うことにする．

三角関数のもつ直交性を利用すれば，フーリエ係数はつぎのように求められる．

$$\begin{pmatrix} A_{\mu\nu} \\ B_{\mu\nu} \\ C_{\mu\nu} \\ D_{\mu\nu} \end{pmatrix} = \frac{\varepsilon_\mu \varepsilon_\nu}{L_1 L_2} \int_0^{L_1} \int_0^{L_2} f(x,y) \begin{pmatrix} \cos(2\mu\pi x/L_1)\cos(2\nu\pi y/L_2) \\ \cos(2\mu\pi x/L_1)\sin(2\nu\pi y/L_2) \\ \sin(2\mu\pi x/L_1)\cos(2\nu\pi y/L_2) \\ \sin(2\mu\pi x/L_1)\sin(2\nu\pi y/L_2) \end{pmatrix} dxdy$$
(7.26)

ここに

$$\varepsilon_\mu = \begin{cases} 1 & : \mu = 0 \\ 2 & : \mu = 1, 2, 3, \cdots \end{cases}$$
(7.27)

である．ε_ν は ν について同様に定義する．次数0の正弦項は0であるので，$B_{\mu 0}$，$C_{0\nu}$ などの項は存在しない．

(2) フーリエ変換を導く

ついで $f(x,y)$ ($-\infty \leq x \leq \infty, -\infty \leq y \leq \infty$) のFTについて説明する．1次元の式より容易に類推できるから，細かい説明は省略する．

x および y に関する角周波数をそれぞれ ξ および η とすれば，FTは

$$F(\xi,\eta) = \int_{-\infty}^{\infty} \int_{-\infty}^{\infty} f(x,y) \exp\{-i(\xi x + \eta y)\} dxdy$$
(7.28)

と書ける．またIFTは

$$f(x,y) = \frac{1}{4\pi^2} \int_{-\infty}^{\infty} \int_{-\infty}^{\infty} F(\xi,\eta) \exp\{i(\xi x + \eta y)\} d\xi d\eta$$
(7.29)

となる．これらの関係は，1次元の場合の式(5.27)と(5.28)からの類推により，その成立が理解できる．

さて $f(x,y)$ を入力，$g(x,y)$ を出力としたとき，入出力間の伝達関数を $h(x,y)$ とおくことにしよう．これらの間には2次元たたみ込み

$$g(x,y) = \int_{-\infty}^{\infty}\int_{-\infty}^{\infty} h(x-x', y-y')f(x',y')\,dx'dy' \tag{7.30}$$

が成立する．この式はFTの形式で

$$G(\xi,\eta) = H(\xi,\eta)F(\xi,\eta) \tag{7.31}$$

と書ける．この式の成立も，1次元の場合の式(5.34)から容易に類推できる．

(3) 重力と地下構造を例にとる

図5.7において，表層と基盤の境界面が平均深度 D のまわりに $h(x,y)$ の振幅で起伏するものとする．このとき重力異常は(5.37)に対応する2次元の式

$$f(x,y) = G\rho D\int_{-\infty}^{\infty}\int_{-\infty}^{\infty}\phi(x-x', y-y')h(x',y')\,dx'dy' \tag{7.32}$$

により表される．ここに，(5.38)に対応する式は

$$\phi(x,y) = \frac{1}{(x^2+y^2+D^2)^{3/2}} \tag{7.33}$$

となる．(7.32)はたたみ込みの形式をとる．したがって(7.32)の両辺のFTは

$$F(\xi,\eta) = G\rho D\Phi(\xi,\eta)H(\xi,\eta) \tag{7.34}$$

となる．

つぎに $\Phi(\xi,\eta)$ の関数形を定める．それは(7.33)から

$$\Phi(\xi,\eta) = \int_{-\infty}^{\infty}\int_{-\infty}^{\infty}\phi(x,y)\{-i(\xi x+\eta y)\}dxdy = \frac{2\pi}{D}\exp(-D\sqrt{\xi^2+\eta^2}) \tag{7.35}$$

と求められる．したがって(7.34)は

$$F(\xi,\eta) = 2\pi G\rho H(\xi,\eta)\exp(-D\sqrt{\xi^2+\eta^2}) \tag{7.36}$$

となる．すなわち，地下構造と重力異常との関係式がFTの形式で得られたことになる．なお，重力異常から地下構造を求めるときには，(7.36)のIFTをとるよりは，5.4節(4)において述べたことと同様な2次元反復法[9]による方がよい．

ついでフーリエ級数により関係式を導く．いま重力異常 $f(x,y)$ は(7.25)により与えられるものとする．一方，基盤面の起伏 $h(x,y)$ も(7.25)と同様にフーリエ級数の形式をとる．すなわち

$$h(x,y) = \sum_{\mu=0}^{\infty}\sum_{\nu=0}^{\infty}\Big(\alpha_{\mu\nu}\cos\frac{2\mu\pi x}{L_1}\cos\frac{2\nu\pi y}{L_2} + \beta_{\mu\nu}\cos\frac{2\mu\pi x}{L_1}\sin\frac{2\nu\pi y}{L_2}$$
$$+ \gamma_{\mu\nu}\sin\frac{2\mu\pi x}{L_1}\cos\frac{2\nu\pi y}{L_2} + \delta_{\mu\nu}\sin\frac{2\mu\pi x}{L_1}\sin\frac{2\nu\pi y}{L_2}\Big) \quad (7.37)$$

により与えられるものと仮定する.

(7.37)を(7.32)に代入して項別積分すると,フーリエ係数の間につぎの関係が導かれる.

$$\begin{pmatrix}A_{\mu\nu}\\B_{\mu\nu}\\C_{\mu\nu}\\D_{\mu\nu}\end{pmatrix} = 2\pi G\rho \begin{pmatrix}\alpha_{\mu\nu}\\\beta_{\mu\nu}\\\gamma_{\mu\nu}\\\delta_{\mu\nu}\end{pmatrix} \exp\left\{-2\pi D\sqrt{\left(\frac{\mu}{L_1}\right)^2+\left(\frac{\nu}{L_2}\right)^2}\right\} \quad (7.38)$$

地表重力異常のフーリエ係数 $A_{\mu\nu}$, $B_{\mu\nu}$ などが既知であれば,(7.38)を通して基盤上面起伏の振幅のフーリエ係数 $\alpha_{\mu\nu}$, $\beta_{\mu\nu}$ などが計算でき,最終的に(7.37)により起伏の振幅が求められる.

(4) ディリクレの問題を解く

地表重力異常を改めて $f(x,y,0)$,地表から高度 z の水平面上において航空機により測定される重力異常(これを航空重力異常とよぶ)を $f(x,y,z)$ と記す.これらの FT を $F(\xi,\eta,0)$ および $F(\xi,\eta,z)$ とすれば,(7.36)はそれぞれ

$$\left.\begin{array}{l}F(\xi,\eta,0) = 2\pi G\rho H(\xi,\eta)\exp(-D\sqrt{\xi^2+\eta^2})\\F(\xi,\eta,z) = 2\pi G\rho H(\xi,\eta)\exp\{-(D+z)\sqrt{\xi^2+\eta^2}\}\end{array}\right\}$$

となる.この2式から地下構造を消去すれば

$$F(\xi,\eta,z) = F(\xi,\eta,0)\exp(-z\sqrt{\xi^2+\eta^2}) \quad (7.39)$$

が成立することがわかる.

地表の重力異常から高度 z の重力異常を求めるには(7.39)の IFT,すなわち

$$f(x,y,z) = \frac{z}{2\pi}\int_{-\infty}^{\infty}\int_{-\infty}^{\infty}\phi(x-x',y-y',z)f(x',y',0)\,dx'dy' \quad (7.40)$$

を用いればよい.ここに,$\phi(x,y,z)$ は(7.33)において D を z に置き換えた式である.なお,地表の磁気異常と航空磁気異常との間にもまったく同じ式が成立する.

一般に,空中でラプラスの微分方程式

$$\nabla^2 f(x,y,z) = \frac{\partial^2 f}{\partial x^2}+\frac{\partial^2 f}{\partial y^2}+\frac{\partial^2 f}{\partial z^2} = 0$$

を満足する関数 $f(x, y, z)$ は，地表の値 $f(x, y, 0)$ との間に (7.40) が成立する．ポテンシャル論では，地表値から空中値を求めるこの問題をとくに「ディリクレの問題 (Dirichlet's problem)」とよぶ．

なお (7.39) は，つぎの重要な事実を教えてくれることを付記したい．地表から高度が増すにつれて，角周波数の低い成分に比較して高い成分は減衰が著しい．それはちょうどロケットで上昇しながら地表の景観を見るのに似ている．大規模構造の姿はいつまでも見えるが，微細構造はすぐに見えなくなってしまうに等しい．

ウォルシュ関数

図 7.9 に従ってウォルシュ関数を説明する．まず i を横軸にとる．ついで $+1$ から -1 へ，あるいは -1 から $+1$ へとジャンプする回数を n とする．このとき，$+1$ あるいは -1 の値をとる関数 $\mathrm{WAL}(n, i)$ をウォルシュ関数とよぶ．

図 7.9 は 4 要素のウォルシュ関数であるが，一般にはつぎのように定義する．まず 2×2 行列を

$$H_2 = \begin{pmatrix} 1 & 1 \\ 1 & -1 \end{pmatrix}$$

とし，さらに 4×4 行列を

$$H_4 = \begin{pmatrix} H_2 & H_2 \\ H_2 & -H_2 \end{pmatrix} = \begin{pmatrix} 1 & 1 & 1 & 1 \\ 1 & -1 & 1 & -1 \\ 1 & 1 & -1 & -1 \\ 1 & -1 & -1 & 1 \end{pmatrix}$$

と定義する．このとき H_4 の行の番号を i とすれば，上の列から順に $\mathrm{WAL}(0, i)$, $\mathrm{WAL}(3, i)$, $\mathrm{WAL}(1, i)$, $\mathrm{WAL}(2, i)$ に相当する．

同様にして 8×8 行列

$$H_8 = \begin{pmatrix} H_4 & H_4 \\ H_4 & -H_4 \end{pmatrix}$$

を定義することもできる．このように定義された 2^K ($K=1, 2, 3, \cdots$) 個の要素をもつ行列を，アダマール行列 (Hadamard matrix) とよぶ．

$\mathrm{WAL}(n, i)$ はつぎの直交条件を満足する．

$$\frac{1}{N} \sum_{n=1}^{N} \mathrm{WAL}(m, i) \mathrm{WAL}(n, i) = \begin{cases} 1 & : m = n \\ 0 & : m \neq n \end{cases}$$

ここに，$N = 2^K$ である．一般に関数 $f(i)$ を

$$f(i) = \sum_{n=1}^{N-1} C_n \mathrm{WAL}(n, i)$$

とウォルシュ級数に展開するとき，係数 C_n は直交条件により

$$C_n = \frac{1}{N} \sum_{i=1}^{N} f(i) \operatorname{WAL}(n, i)$$

と簡単に求められる.

参 考 文 献

1) "Briggs, I. C. : Machine contouring using minimum curvature. *Geophysics*, **39**, 39-48, 1974."
2) "小竹美子・萩原幸男：地形・重力データよりリニアメントを抽出する一方法. 測地学会誌, **34**, 205-217, 1988."
3) "国土地理院：国土数値情報の概要, 建設省国土地理院地図管理部, 1983."
4) "志知龍一・山本明彦：西南日本における重力データベースの構築. 地質調査所報告, **280**, 1-28, 1994."
5) "萩原幸男・大木裕子・志知龍一：重力異常による関東山地「山中地溝帯」の東方延長部の推定. 地学雑誌, **108**, 59-64, 1999."
6) "尾崎　弘・谷口慶治：画像処理―その基礎から応用まで, 第2版, pp. 288, 共立出版, 1988."
7) "萩原幸男・糸田千鶴・志知龍一：震源断層構造の重力ウォルシュ解析. 測地学会誌, **44**, 33-36, 1998."
8) "Shichi, R., Yamamoto, A., Kimura, A. and Aoki, H. : Gravimetric evidences for active faults around Mt.Ontake, Central Japan : Specifically for the hidden faulting of the 1984 Western Nagano Prefecture Earthquake. *J. Phys. Earth.*, **40**, 459-478, 1992."
9) "萩原幸男：二層構造の新しい重力解析法. 測地学会誌, **33**, 315-320, 1987."

8 時空間の変化を追う

物理現象を記述する微分方程式の中でもっとも一般的なものに,熱伝導方程式(equation of thermal conduction)がある.熱伝導,浸透,拡散のような物理現象から人口の移動,伝染病の伝播のような現象まで,その応用範囲はきわめて広い.本章では,熱伝導方程式を一般化したフォッカー-プランクの方程式(Fokker-Planck equation)を用いて,時空間に広がる地球科学的現象のシミュレーション解析に挑む.

8.1 現象の時間変化を追う

(1) 微分方程式をたてる

これまでは時間 t のみの関数,あるいは空間のみの関数を取り扱ってきた.これからは時間と空間 (x, y) を合わせた関数 $f(x, y, t)$ を取り扱うこととなる.しかしいきなり2次元空間に時間を加えても煩雑になるので,さしあたって空間を1次元にとり,関数 $f(x, t)$ を取り扱うこととする.離散量の場合には x 軸方向に等間隔に N 個の点をとり,時間 t における n 番目の点の状態を $f(n, t)$ により表す.また,微小時間 Δt 後の時点 $t+\Delta t$ における状態を $f(n, t+\Delta t)$ と記す.

いま,Δt 時間後に $f(n, t)$ は $f(n, t+\Delta t)$ とその両端点 $f(n-1, t+\Delta t)$ および $f(n+1, t+\Delta t)$ に遷移するものとする.両端点への遷移レートをそれぞれ $\mu \Delta t$,$\lambda \Delta t$ とすれば,$f(n, t)$ から $f(n, t+\Delta t)$ への遷移レートは $1-(\lambda+\mu)\Delta t$ となる(図 8.1(a) 参照).反対に $f(n, t+\Delta t)$ を中心に考えると,$f(n, t)$,$f(n-1, t)$ および $f(n+1, t)$ から $f(n, t+\Delta t)$ へそれぞれ $1-(\lambda+\mu)\Delta t$,$\lambda \Delta t$ および $\mu \Delta t$ のレートで遷移することとなる(図 8.1(b) 参照).このとき

8.1 現象の時間変化を追う

図 8.1 $f(n, t)$ から $f(n, t+\Delta t)$ への遷移

$$f(n, t+\Delta t) = \{1-(\lambda+\mu)\Delta t\}f(n, t) + \lambda\Delta t f(n-1, t) + \mu\Delta t f(n+1, t) \tag{8.1}$$

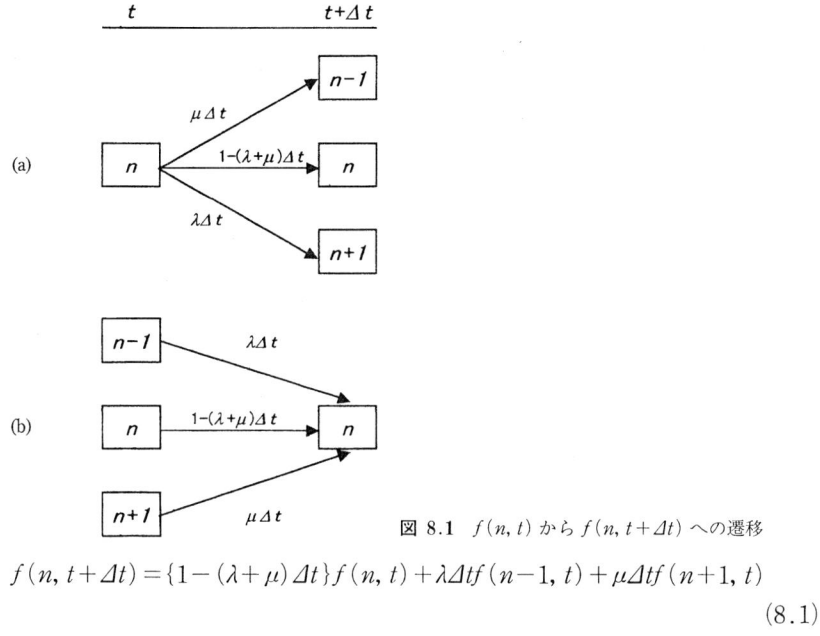

が成り立つことは容易にわかる．

いま x 軸上の点の間隔を Δx とし，かつ

$$\left.\begin{array}{l} \lambda = \left(\kappa + \dfrac{u\Delta x}{2}\right) \Big/ (\Delta x)^2 \\[6pt] \mu = \left(\kappa - \dfrac{u\Delta x}{2}\right) \Big/ (\Delta x)^2 \end{array}\right\} \tag{8.2}$$

とおく．これを (8.1) に代入すると

$$\frac{f(n, t+\Delta t) - f(n, t)}{\Delta t} + \frac{u}{2\Delta x}\{f(n+1, t) - f(n-1, t)\}$$
$$= \frac{\kappa}{(\Delta x)^2}\{f(n-1, t) + f(n+1, t) - 2f(n, t)\}$$

と書き換えることができる．

$\Delta t \to 0$, $\Delta x \to 0$ の極限においては，上式は微分方程式

$$\frac{\partial f(x, t)}{\partial t} + u\frac{\partial f(x, t)}{\partial x} = \kappa \frac{\partial^2 f(x, t)}{\partial x^2} \tag{8.3}$$

となる．これは「フォッカー–プランクの方程式」とよばれる．ここに，κ は（熱）拡散率，u は拡散中心の移動の速さであって，$u=0$ の特殊な場合が

$$\frac{\partial f(x, t)}{\partial t} = \kappa \frac{\partial^2 f(x, t)}{\partial x^2} \tag{8.4}$$

に相当する．これが通常の熱伝導方程式である．

なお，システムの外部から物質または熱が供給されるとき，単位時間の供給量を $q(x, t)$ とすれば，(8.3) はさらに一般的な形式

$$\frac{\partial f(x, t)}{\partial t} + u \frac{\partial f(x, t)}{\partial x} = \kappa \frac{\partial^2 f(x, t)}{\partial x^2} + q(x, t) \tag{8.5}$$

となる．

(2) 熱源(物質供給)をモデル化する

地球科学的な諸現象を微分方程式で記述するとき，システムの外部から物質の供給があるかないかを見分ける必要に迫られる．このようなとき，どうしたらよいであろうか．いま，任意の時間 t における物質の総量を

$$F(0, t) = \int_{-\infty}^{\infty} f(x, t)\, dx \tag{8.6}$$

と定義する．$-\infty \leq x \leq \infty$ の範囲の積分であるが，実際には $f(x, t)$ は x に関してある有限の範囲にのみ存在する．したがってその範囲外では $f(x, t)$ はすべて 0 の値をとる．(8.5) の両辺を x について積分すると

$$\int_{-\infty}^{\infty} \frac{\partial f(x, t)}{\partial x}\, dx = \int_{-\infty}^{\infty} \frac{\partial^2 f(x, t)}{\partial x^2}\, dx = 0 \tag{8.7}$$

が成り立つため

$$\frac{dF(0, t)}{dt} = \int_{-\infty}^{\infty} q(x, t)\, dx \tag{8.8}$$

を得る．すなわち物質の供給があるシステムでは，物質の総量は時間とともに変化する．これに対して供給のないシステムでは，$dF(0, t)/dt = 0$ すなわち $F(0, t)$ は時間によらず一定値をとる．

(8.5) を解くためには，熱(物質)供給量 $q(x, t)$ の関数形を決めなくてはならない．しかしこれを決めるためには，他の種類の観測データが必要となる．それがない場合には，適当なモデルを仮定するしか方法はない．いま簡単なモデルとして

$$q(x, t) = \rho f(x, t) \tag{8.9}$$

あるいは

$$q(x, t) = \rho f(x, t) + \sigma \frac{\partial f(x, t)}{\partial t} \tag{8.9}'$$

を採用する．ここに，ρ と σ は定数とする．

まずモデルとして，(8.9)を採用して(8.5)を書き改めると

$$\frac{\partial f(x,t)}{\partial t}+u\frac{\partial f(x,t)}{\partial x}=\kappa\frac{\partial^2 f(x,t)}{\partial x^2}+\rho f(x,t) \tag{8.10}$$

となる．一方(8.9)′については

$$\frac{\partial f(x,t)}{\partial t}+u'\frac{\partial f(x,t)}{\partial x}=\kappa'\frac{\partial^2 f(x,t)}{\partial x^2}+\rho' f(x,t) \tag{8.10}'$$

となる．ここに

$$\kappa'=\frac{\kappa}{1-\sigma}, \quad u'=\frac{u}{1-\sigma}, \quad \rho'=\frac{\rho}{1-\sigma}$$

とおく．(8.10)と(8.10)′を比較してみると，κ, u, ρ がそれぞれ κ', u', ρ' に変換されただけであり，σ を分離できないことがわかる．つまり，数理モデルとしてとりたてて(8.9)′を採用する意味がない．そのため，微分方程式としては(8.10)のみ考慮すればよい．

(8.10)の解を導くには，まず

$$f(x,t)=e^{\rho t}g(x,t) \tag{8.11}$$

とおく．これを(8.10)に代入すると，$g(x,t)$ に関しては通常のフォッカー–プランクの方程式

$$\frac{\partial g(x,t)}{\partial t}+u\frac{\partial g(x,t)}{\partial x}=\kappa\frac{\partial^2 g(x,t)}{\partial x^2} \tag{8.12}$$

が成立することがわかる．つまり，(8.11)を用いて $f(x,t)$ から $g(x,t)$ に変換した後に，(8.12)を解けばよい．

(3) **熱源モデルの適用性を検証する**

熱源モデル(8.9)を適用するにあたって，はたしてデータに適用できるか否かを検証してみる必要がある．ここでは，検証の一方法を提案する．まず(8.10)の両辺を x について積分する．x に関するある有限の範囲外では，$f(x,t)=0$ との仮定から(8.7)の諸関係が成立するので，(8.6)により定義された $F(0,t)$ に関する微分方程式

$$\frac{dF(0,t)}{dt}-\rho F(0,t)=0 \tag{8.13}$$

が得られる．

この常微分方程式の解は

$$F(0,t)=F(0,0)e^{\rho t} \tag{8.14}$$

となる．実際には，$F(0,0)$ や $F(0,t)$ は，観測データ $f(x,t)$ を数値積分すること

により得られる量である．したがって直線

$$\ln F(0, t) = \ln F(0, 0) + \rho t \tag{8.14}'$$

の勾配から ρ を算出することができる．すなわち，(8.14)′ が直線性を示す範囲が，熱源モデル(8.9)が適用できる範囲である．

(4) 昭和新山の成長を追う

火山地形の時間変化モデルを，物質供給を伴うフォッカー–プランクの微分方程式(8.5)を用いて作成してみよう．1943年北海道有珠山付近に始まった噴火活動は，昭和新山を誕生させた．その成長の過程は，壮瞥温泉の郵便局長三松氏による詳細なスケッチ「三松ダイアグラム」[1]に収められている．図8.2は，昭和新山の地形の成長を示すダイアグラムである．

三松ダイアグラムは，ほぼ1箇月に一度の間隔で計17回のスケッチよりなる．スケッチを時間順に $k = 0, 1, 2, \cdots, 16$ と番号付けをし，スケッチの時点を t_k により表す．等時間間隔ではないので，k と $k+1$ 番目の間隔を Δt_k と記すことにする．また図8.2の左から右へと x 軸をとり，x 方向のサンプリング間隔を $\Delta x = 60\,[\text{m}]$ ととる．すなわち，n を正の整数として $x = n\Delta x$ とし，データの範囲を $n = 0, 1, 2, \cdots, 21$ とする．そして地形高度を $f(n, k)$ により表記するものとする．ここでは，隆起開始直前(1944年5月12日)の地形高度を基準にとり $f(n, 0)$ とする．

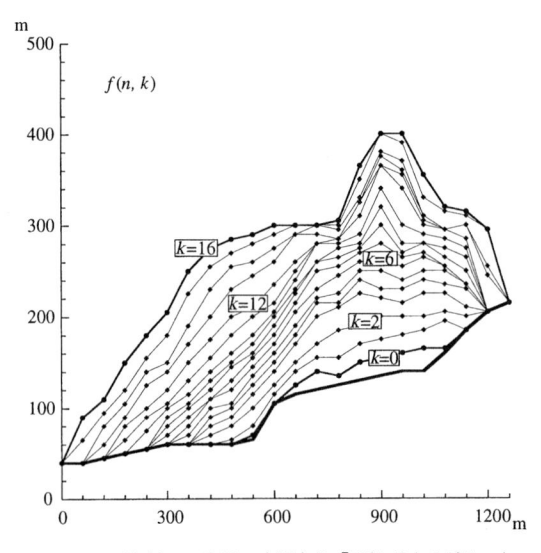

図 8.2　昭和新山の地形の時間変化「三松ダイアグラム」

8.1 現象の時間変化を追う

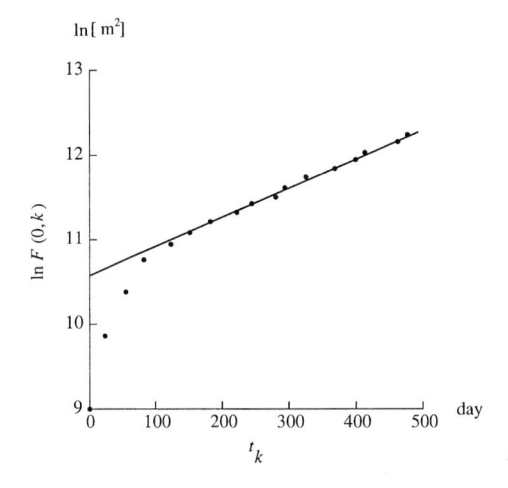

図 8.3 熱源モデルの適用性
$t_k > 100$ [day] の範囲で適用できる.

さて物質供給モデル (8.9) を採用できるか否か, モデルの適用性を検証しなければならない. まず (8.6) を数値積分して, $F(0, k)$ をすべての k について求める. 計算結果を図 8.3 に与える. $\ln F(0, k)$ は $k \geq 4$ ($t_k \geq 123$ [day]) の範囲で直線性を示すので, この範囲に最小 2 乗法を適用し, 直線の勾配から $\rho \approx 3.6 \times 10^{-3}$ [day^{-1}] を得る. 昭和新山が成長を開始してから約 120 日経過した後の成長曲線に, (8.9) の適用が可能となるとの結論が得られたことになる. したがって $k = 4$ ($t_k = 123$ [day]) を基準にとって, 以後の計算操作を進めることにする.

このように ρ の値は一応決定されたが, ここでは他のパラメータ u と κ と同時に最小 2 乗法により再決定を試みる. まず, (8.10) を差分式に書き換える.

$$\left. \begin{aligned} \delta f(n, k) &= \frac{1}{\Delta t_k} \{ f(n, k+1) - f(n, k) \} \\ \Delta f(n, k) &= \frac{1}{2\Delta x} \{ f(n+1, k) - f(n-1, k) \} \\ \nabla^2 f(n, k) &= \frac{1}{(\Delta x)^2} \{ f(n-1, k) - 2f(n, k) + f(n+1, k) \} \end{aligned} \right\}$$

とおいて

$$E = \sum_n \sum_{k=4}^{K} \{ \delta f(n, k) + u \Delta f(n, k) - \kappa \nabla^2 f(n, k) - \rho f(n, k) \}^2$$

を最小にするようにパラメータ u, κ および ρ を定める. この式においては, k に関する和を $4 \leq k \leq K$ ($K = 4, 5, 6, \cdots, 15$) の範囲に限定している.

図 8.4 は, K ごとに定められた 3 個のパラメータの値である. かなりばらつくものの, およその値は $u = -0.2$ [m/day], $\kappa = 9$ [m^2/day], $\rho = 4 \times 10^{-3}$ [day^{-1}]

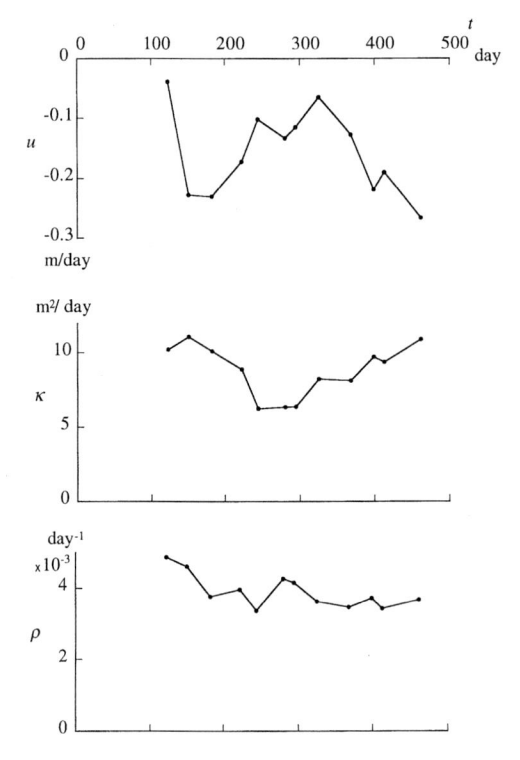

図 8.4 昭和新山フォッカー-プランクモデルのパラメータの時間変化

と見てよいであろう．パラメータの値が決まれば，(8.10)の差分形

$$f(n, k+1) = f(n, k) - \Delta t_k \{u \Delta f(n, k) - \kappa \nabla^2 f(n, k) - \rho f(n, k)\}$$

により，すべての時点における $f(n, k)$ の値を予測することが可能となる．

8.2　2次元空間に拡張する

(1)　微分方程式を導く

2次元空間と時間に関するフォッカー-プランクの方程式は，(8.5)の形式をそのまま2次元に拡張すればよい．すなわち

$$\frac{\partial f(x, y, t)}{\partial t} + u \frac{\partial f(x, y, t)}{\partial x} + v \frac{\partial f(x, y, t)}{\partial y}$$
$$= \kappa \frac{\partial^2 f(x, y, t)}{\partial x^2} + \lambda \frac{\partial^2 f(x, y, t)}{\partial y^2} + q(x, y, t) \qquad (8.15)$$

が成り立つ．ここに，v は y 方向の移動速度，λ は y 方向の拡散率である．

とくに熱源モデルとして，(8.9)と同様な式が与えられるときには
$$f(x, y, t) = e^{\rho t} g(x, y, t) \tag{8.16}$$
とおくことにより，(8.15)を通常のフォッカー−プランクの方程式
$$\frac{\partial g(x, y, t)}{\partial t} + u\frac{\partial g(x, y, t)}{\partial x} + v\frac{\partial g(x, y, t)}{\partial y} = \kappa\frac{\partial^2 g(x, y, t)}{\partial x^2} + \lambda\frac{\partial^2 g(x, y, t)}{\partial y^2} \tag{8.17}$$
に改めることができる．

熱源モデルの適用性についても，まったく同様にして
$$F(0, 0, t) = \int_{-\infty}^{\infty}\int_{-\infty}^{\infty} f(x, y, t)\,dxdy \tag{8.18}$$
を定義することにより，(8.14)′に対応する式
$$\ln F(0, 0, t) = \ln F(0, 0, 0) + \rho t \tag{8.19}$$
の直線性から適用範囲を知ることができる．

ついで熱源のないフォッカー−プランクの方程式を差分により書き直す．それは $x = m\varDelta x,\ y = n\varDelta y$ とおくことにより
$$g(m, n, t+\varDelta t) = \alpha g(m-1, n, t) + \beta g(m+1, n, t) + \gamma g(m, n-1, t) \\ + \delta g(m, n+1, t) + (1-\alpha-\beta-\gamma-\delta)g(m, n, t) \tag{8.20}$$
とすることができる．ここに
$$\left.\begin{array}{l}\alpha = \varDelta t\{\kappa/(\varDelta x)^2 + u/(2\varDelta x)\} \\ \beta = \varDelta t\{\kappa/(\varDelta x)^2 - u/(2\varDelta x)\} \\ \gamma = \varDelta t\{\lambda/(\varDelta y)^2 + v/(2\varDelta y)\} \\ \delta = \varDelta t\{\lambda/(\varDelta y)^2 - v/(2\varDelta y)\}\end{array}\right\} \tag{8.21}$$
とおいている．(8.20)を用いた最小2乗法により $\alpha, \beta, \gamma, \delta$ の値が決まれば，(8.21)によりフォッカー−プランクのパラメータ κ, λ, u, v が求められる．

(2) 汚染域の拡大を追う

1974年12月に発生した岡山県水島精油所の重油流出事故は，瀬戸内海の漁業に甚大な被害を与えた．図8.5(a)は重油の広がりの時間変化を示す[2]．流出初期を除けば，油層の移動は潮流と拡散に支配されるため，フォッカー−プランクの方程式により記述できるものと考えられる．

瀬戸内海のように陸地に囲まれた海域に(8.20)を適用するとき，海岸線の形状によって異なる境界条件を用いなければならない．図8.6には，海岸の形状に対応する(8.20)右辺各項の係数配列を示す．ここでは初期の分布として，図8.5(a)

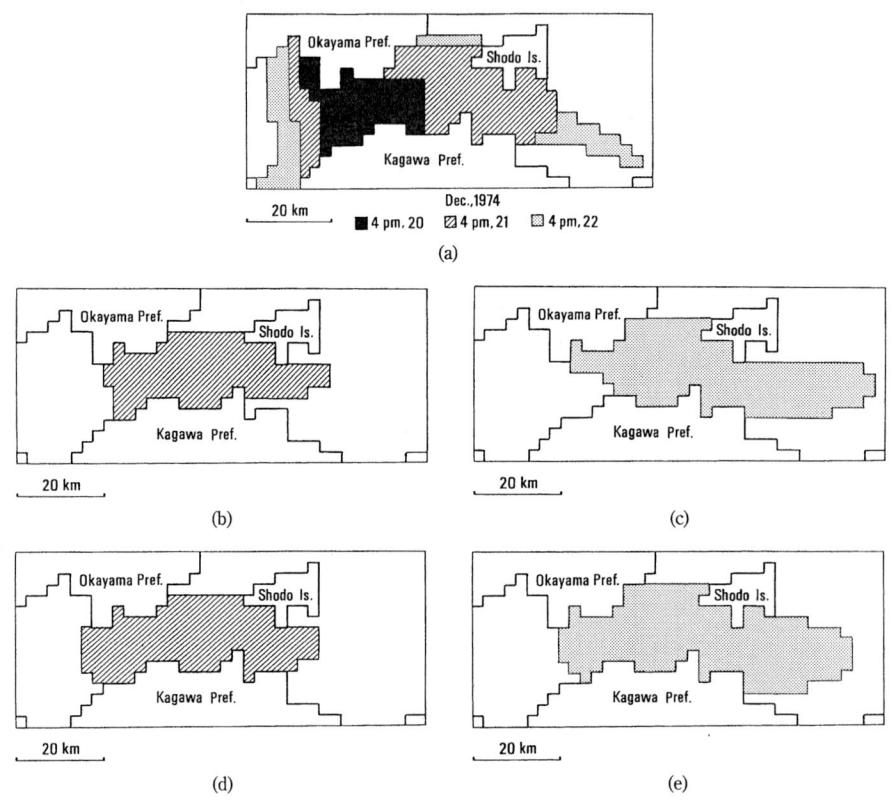

図 8.5 1974 年の瀬戸内海重油流出事故
(a) 重油の広がりの時間変化(観測値), (b)~(e) シミュレーション結果.

の黒の部分(12月20日16時の分布)に厚さ1の一様な油層を仮定する. 4個の係数 $\alpha \sim \delta$ は最小2乗法によらず, 推定によって値を決める. 計算結果が実際の分布と異なれば, 推定値を改訂する方法をとる.

まず重油は時間とともに周辺部に広がっていくことから, 4個の係数は正の値をとることがわかる. また重油の主要部は東に向かって流れているので, $\alpha > \beta$ の関係は明らかである. 一方, 南北方向の拡散は相対的に小さいことから, $\alpha > \beta > \gamma \approx \delta$ が予想される. さらに拡散の中心が二分しない条件を加えるとすれば

$$\alpha > 1 - (\alpha + \beta + \gamma + \delta) \geq \beta > \gamma \approx \delta$$

でなければならない.

時間ステップを $\Delta t = 1$ [hr], グリッド間隔を $\Delta x = \Delta y = 2.5$ [km] ととることにより, これらの条件を満たすものとして最初の推定値を $\alpha = 0.4$, $\beta = 0.1$, $\gamma = \delta =$

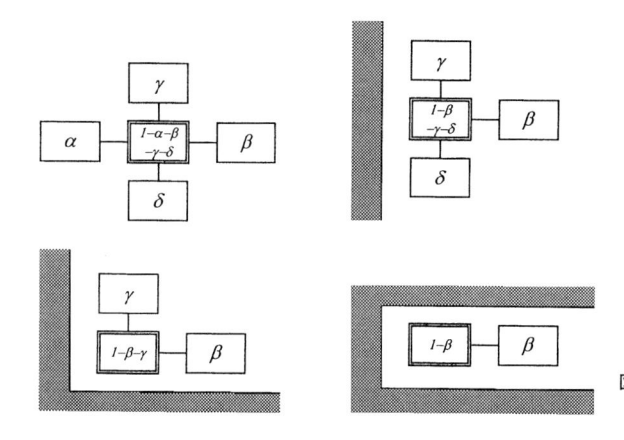

図 8.6 海岸の形状に対応する式(8.20)右辺各項の係数配列

0.03(すなわち $\kappa\fallingdotseq 1.6$ [km²/hr], $\lambda\fallingdotseq 0.19$ [km²/hr], $u=0.75$ [km/hr], $v=0$ [km/hr])とする. 図8.5(b)および(c)がその計算結果である. 図では油層の厚さ0.1以上の海域を陰影により示す. しかし計算結果によれば, 採用したモデルは東側の汚染域の拡大にはよく適合するが, 西側には適合しない.

そこで係数を改訂する. 東側海域への重油の広がりは相対的に南側に偏っていることを考慮して, $\gamma > \delta$ を条件に加え, $\alpha=0.45$, $\beta=0.2$, $\gamma=0.1$, $\delta=0.05$(すなわち $\kappa\fallingdotseq 2.0$ [km²/hr], $\lambda\fallingdotseq 0.47$ [km²/hr], $u\fallingdotseq 0.63$ [km/hr], $v\fallingdotseq 0.13$ [km/hr])とする. 図8.5(d)および(e)がその計算結果である. かなり改善されたとはいえ, まだ西側海域への張り出しは十分でない. 前述した拡散の中心を東西に二分しない限り, 採用したモデルでは西側海域への張り出しは実現できない.

実際のシミュレーションでは, u および v の値に潮流の速さの観測値を採用する. 瀬戸内海は潮流の時間変化が激しいことで知られ, u および v は x, y, t の関数でなければならない. しかし本書では, フォッカー–プランクモデルの適用に限定し, これ以上の専門的なアプローチに踏み込むことはしない.

8.3 フーリエ積分法を試みる

(1) フーリエ積分で解く

フォッカー–プランクの方程式により表される現象をより深く理解するために, フーリエ積分による解析解を導く. まず簡単のために, 1次元空間と時間の関数 $g(x, t)$ を取り扱う.

$g(x, t)$ の x に関するFTを

$$G(\xi, t) = \int_{-\infty}^{\infty} g(x, t) \exp(-i\xi x) \, dx \tag{8.22}$$

と表すものとする.5章で述べたように, $\partial g(x, t)/\partial x$ および $\partial^2 g(x, t)/\partial x^2$ の FT はそれぞれ $i\xi G(\xi, t)$ および $-\xi^2 G(\xi, t)$ となる.

そこで, (8.12)の両辺の FT は t に関する常微分方程式

$$\frac{dG(\xi, t)}{dt} + (\kappa\xi^2 + iu\xi) G(\xi, t) = 0 \tag{8.23}$$

にまとめられる. いまこの解を

$$G(\xi, t) = G(\xi, 0) H(\xi, t) \tag{8.24}$$

と書くものとすれば, 伝達関数はつぎのようである.

$$H(\xi, t) = \exp\{-(\kappa\xi^2 + iu\xi) t\} \tag{8.25}$$

さて5章に述べたところによれば, (8.24)の IFT はたたみ込みの形式に書き直せる. すなわち

$$g(x, t) = \int_{-\infty}^{\infty} g(x-x', 0) h(x', t) \, dx' \tag{8.26}$$

となる. ここに, $h(x, t)$ は $H(\xi, t)$ の IFT であって, それは

$$\begin{aligned}
h(x, t) &= \frac{1}{2\pi} \int_{-\infty}^{\infty} H(\xi, t) \exp(i\xi x) \, d\xi \\
&= \frac{1}{2\pi} \int_{-\infty}^{\infty} \exp(-\kappa\xi^2 t) \exp\{i\xi(x-ut)\} \, d\xi \\
&= \frac{1}{\pi} \int_{0}^{\infty} \exp(-\kappa\xi^2 t) \cos\{\xi(x-ut)\} \, d\xi \\
&= \frac{1}{2\sqrt{\pi\kappa t}} \exp\left\{-\frac{(x-ut)^2}{4\kappa t}\right\}
\end{aligned} \tag{8.27}$$

と求められる. この積分の解は例えば積分公式[3)]

$$\int_{0}^{\infty} \exp(-a^2 x^2) \cos bx \, dx = \frac{\sqrt{\pi}}{2a} \exp\left(-\frac{b^2}{4a^2}\right)$$

を参照するとよい.

(8.27)において $u=0$ とおけば, 通常の熱伝導方程式の場合の伝達関数を得る. つまり, $x-ut$ が x に置き換えられていることがわかる. このことは逆に, 通常の熱伝導方程式の解に座標変換 $x \to x-ut$ を施せば, フォッカー-プランクの方程式の解が得られることを意味する. また積分(8.26)は, つぎの重要な関係を教えてくれる. $g(x,0)$ に伝達関数(8.27)を掛けて積分すれば, $g(x, t)$ を求めることができる. すなわち, 初期分布 $g(x, 0)$ さえ既知ならば, すべての時点における空間分布 $g(x, t)$ が計算できることとなる.

(2) 2次元積分変換を導く

2次元空間に時間を加えた関数 $g(x, y, t)$ についても，まったく同様な記述ができる．$g(x, y, t)$ の x と y に関する FT を (8.22) と同様に

$$G(\xi, \eta, t) = \int_{-\infty}^{\infty} \int_{-\infty}^{\infty} g(x, y, t) \exp\{-i(\xi x + \eta y)\} dx dy \tag{8.28}$$

と定義する．またこの逆変換は

$$g(x, y, t) = \frac{1}{4\pi^2} \int_{-\infty}^{\infty} \int_{-\infty}^{\infty} G(\xi, \eta, t) \exp\{i(\xi x + \eta y)\} d\xi d\eta \tag{8.29}$$

となる．

さて (8.17) の両辺の FT をとれば，それは微分方程式

$$\frac{dG(\xi, \eta, t)}{dt} + (\kappa \xi^2 + \lambda \eta^2 + iu\xi + iv\eta) G(\xi, \eta, t) = 0 \tag{8.30}$$

となる．いまこの解を

$$G(\xi, \eta, t) = G(\xi, \eta, 0) H(\xi, \eta, t) \tag{8.31}$$

とおけば，ここに

$$H(\xi, \eta, t) = \exp\{-(\kappa \xi^2 + \lambda \eta^2) t\} \exp\{-i(u\xi + v\eta) t\} \tag{8.32}$$

である．

(8.32) の IFT は (8.27) と同様な演算により，つぎのように求められる．

$$h(x, y, t) = \frac{1}{4\pi t \sqrt{\kappa \lambda}} \exp\left[-\frac{1}{4t}\left\{\frac{(x-ut)^2}{\kappa} + \frac{(y-vt)^2}{\lambda}\right\}\right] \tag{8.33}$$

したがって最終的な解は (8.31) の IFT

$$g(x, y, t) = \int_{-\infty}^{\infty} \int_{-\infty}^{\infty} h(x-x', y-y', t) g(x', y', 0) dx' dy' \tag{8.34}$$

として求めることができる．

(8.33) は座標変換 $x \to x - ut$ および $y \to y - vt$ を施すことにより，熱伝導方程式の解からフォッカー–プランクの方程式の解が導かれることを示している．また (8.34) は，既知の初期分布から任意の時点における空間分布が計算できることを示している．

(3) 数値積分する

(8.33) を離散化して (8.34) を数値積分する．まず整数 m, n, k により $x = m\Delta x$, $y = n\Delta y$, $t = k\Delta t$ とおき，無次元量

$$\mu = \frac{\kappa \Delta t}{(\Delta x)^2}, \quad \nu = \frac{\lambda \Delta t}{(\Delta y)^2} \tag{8.35}$$

を定義する．そして2次元の台形公式を用いて(8.34)を

$$g(m, n, k) = \sum_{m'} \sum_{n'} h(m-m', n-n', k) g(m', n', 0) \qquad (8.36)$$

に書き換える．ここに，$u=v=0$ の場合には

$$h(m, n, k) = \frac{1}{4\pi k \sqrt{\mu\nu}} \exp\left\{-\frac{1}{4k}\left(\frac{m^2}{\mu} + \frac{n^2}{\nu}\right)\right\} \qquad (8.37)$$

である．なお $h(m, n, k)$ は $h(x, y, t) \Delta x \Delta y$ に対応する．

前述した海洋汚染域の例では，$\mu \fallingdotseq 0.32$, $\nu \fallingdotseq 0.075$ となるので，$h(m, n, k)/h(0, 0, k)$ の値を求めてみると，表8.1のようになる．この値が0.01以下の範囲を省略するにしても，かなり広範囲にわたって数値積分しなければならないことがわかる．瀬戸内海のように陸地に囲まれた狭い海域では，実際上数値積分法は適用できない．しかし，数値積分法にも利点がある．それは $t=0$ から始めて $t = \Delta t, 2\Delta t, \cdots$ と，次第に計算のステップを上げていく差分法(8.20)に比べて，いきなり大きい t 値に対応する量を計算できる点にある．

表 8.1　1974年瀬戸内海重油流出拡散モデルに関する伝達関数
$h(m, n, k)/h(0, 0, k)$（本文中の式(8.37)）

$k=6$

n \ m	0	1	2	3	4	5
0	1.000	0.878	0.594	0.310	0.125	0.039
1	0.574	0.504	0.341	0.178	0.071	0.022
2	0.108	0.095	0.064	0.034	0.013	0.004
3	0.007	0.006	0.004	0.002	0.001	0.000

$k=12$

n \ m	0	1	2	3	4	5	6	7
0	1.000	0.937	0.771	0.557	0.353	0.196	0.096	0.041
1	0.757	0.710	0.584	0.422	0.267	0.149	0.073	0.031
2	0.329	0.308	0.254	0.183	0.116	0.065	0.032	0.014
3	0.082	0.077	0.063	0.046	0.029	0.016	0.008	0.003

0.05以上の範囲を太線により囲む．

8.4　モデルの限界を知る

フォッカー–プランクモデルによる予測には限界がある．気圧配置図を例にとって問題点を洗い出してみよう．図8.7(a), (b), (c)はそれぞれ，1996年3月5日グリニッジ標準時0時, 12時, 6日0時における日本列島付近の気圧配置図である．

8.4 モデルの限界を知る

まず図中の高気圧 H に着目する．H 中心（×印）の南東方向への移動から，u および v の概略値は推定できる．また中心気圧の緩やかな減少から，κ および λ 値は推定できないことはない．これに対して低気圧 L の移動は北東方向で，その u および v 値は H の移動とまったく異なる．また中心気圧の低下は標準気圧 1013 [hP] から離れる方向，つまり L は発達する傾向にある．この現象は拡散では説明がつかず，熱源項の登場を必要とする．H の中心気圧の低下も拡散によらず，負の熱源により説明できるであろう．

以上の諸点から判断して，フォッカー–プランクモデルを特徴づける拡散項はその重要性を失い，かわって熱源項の重要性が増すことになる．さらに u と v はともに x と y の関数でなければならない．そこでは (8.15) にかわって

$$\frac{\partial f(x,y,t)}{\partial t} + u(x,y)\frac{\partial f(x,y,t)}{\partial x} + v(x,y,t)\frac{\partial f(x,y,t)}{\partial y} = q(x,y,t) \tag{8.38}$$

の成立が要求されることになろう．熱源項として (8.9) と同様な仮定を設けるならば

$$g(x,y,t) = \rho(x,y)f(x,y,t) \tag{8.39}$$

とおくことになろう．

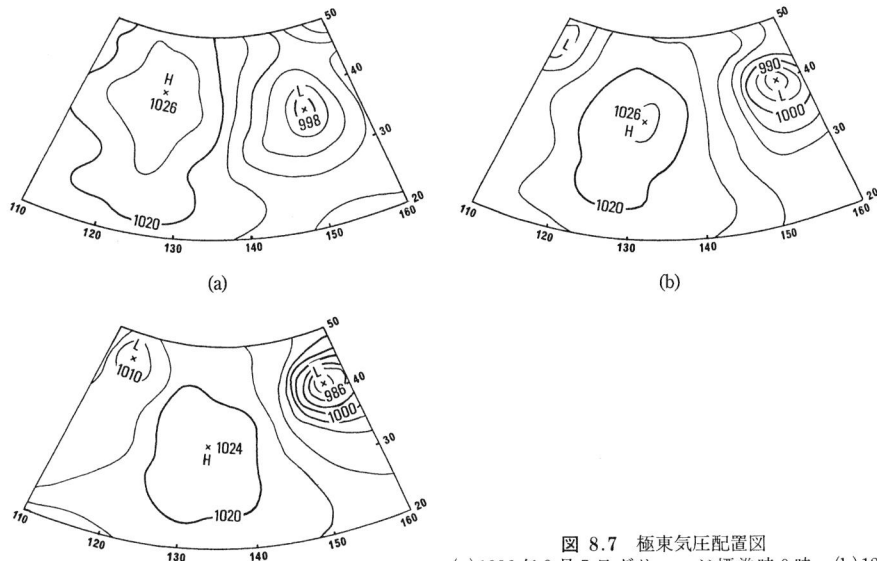

図 8.7 極東気圧配置図
(a) 1996 年 3 月 5 日グリニッジ標準時 0 時，(b) 12 時，(c) 6 日 0 時．

もっとも簡単なモデルとして，u, v, ρ をそれぞれ x と y に関する1次式

$$\left.\begin{array}{l} u(x, y) = c_1 + c_2 x + c_3 y \\ v(x, y) = c_4 + c_5 x + c_6 y \\ \rho(x, y) = c_7 + c_8 x + c_9 y \end{array}\right\} \quad (8.40)$$

と仮定する．係数 $c_1 \sim c_9$ は，データに適合するように最小2乗法を用いて定められる．なお，係数の個数を削減するために物理的条件を導入することもできる．例えば流れの連続方程式 $\partial u/\partial x + \partial v/\partial y = 0$ により $c_2 = -c_6$，総量が時間によらず一定であるとして $c_7 = 0$ などである．

さらに簡単化して，(8.39)を単に x と y の1次式とする「移流モデル」がある．このモデルは降雨域の移動を実際に予測するのに用いられ，短時間の予測に効果的なことが実証されている[4]．

しかし単一の微分方程式では，図8.7程度の図形の動きでも，複合した現象となると予想が困難である．実用化されている数値予報の基本方程式は，大気の運動方程式，連続方程式，熱伝導方程式，状態方程式などであり，気圧，気温，大気の流れはこれらの方程式を連立して解くことにより与えられる．元来ここで述べたような予測法を，物理学で記述できる現象に適用するのは間違いである．

参 考 文 献

1) 「三松ダイアグラム」については例えば
   "下鶴大輔・荒牧重雄・井田喜明(編)：火山の事典，朝倉書店，pp. 608, 1995."
2) "地球環境工学ハンドブック編集委員会(編)：地球環境工学ハンドブック，オーム社，pp. 1404, 1991."
   "不破敬一郎(編著)：地球環境ハンドブック，朝倉書店，pp. 656, 1995."
   に原著の解説記事がある．
3) 例えば
   "森口繁一・宇田川銈久・一松　信：岩波数学公式Ⅰ，pp. 362, 岩波書店，1987."
4) 「移流モデル」については
   "椎葉充晴・高棹琢馬・中北英一：移流モデルによる短時間降雨予測の検討．水理講演会論文集，**28**，土木学会，349-354, 1984."
   移流モデル関連の研究紹介は
   "水文・水資源学会(編)：水文・水資源ハンドブック，朝倉書店，pp. 656, 1997."
   に詳しい．

付 録
ラプラス変換

応用数学において，演算子法(operator method)はきわめて便利な手法である．実際にさまざまな場面を体験して，はじめてその便利さを知る．本文中に記載すると冗長になるので，付録に集約することとした．各方法はそれぞれ1冊の本となるほど，理論的にも奥深いものがあるが，本書では一般性や厳密性よりはむしろ応用性に重点をおいて，必要な部分のみを記述することとしたい．

(1) **ラプラス変換を定義する**

微分方程式を解くことは，非常に専門的で難しいと思う人がいる．しかし線形システムに登場する微分方程式を解くためには，ラプラス変換(Laplace transform ; LT)に関する少しの知識だけで，それ以上の特別な知識は不要である．ここでは，LT の最小限必要な事項のみを網羅する．

時間 t の関数 $f(t)$ の LT を

$$F(s) = \int_0^\infty f(t)\exp(-\lambda t)\,dt \quad (\text{A.1})$$

とする．これを演算子 $\mathbf{L}$ を用いて

$$F(s) = \mathbf{L}[f(t)] \quad (\text{A.2})$$

と書くことにする．これに伴い，逆変換(inverse Laplace transform ; ILT)は

$$f(t) = \mathbf{L}^{-1}[F(s)] \quad (\text{A.3})$$

と書くことができる．

$f(t)$ と $F(s)$ の対応関係をラプラスペア(Laplace pair)という．s は t に無関係な複素数であり，ILT の導出は一般に複素積分(complex integral)によるが，ここでは一般論を避け，既知のラプラスペアを一種の公式として用いるにとどめる．

(2) 指数関数と三角関数を変換する

まず指数関数 $\exp(-\lambda t)$ の LT を求める．それは

$$\mathbf{L}[\exp(-\lambda t)] = \int_0^\infty \exp\{-(s+\lambda)t\}dt = \frac{1}{s+\lambda} \tag{A.4}$$

と求められる．ちなみに $t\exp(-\lambda t)$ の LT は

$$\mathbf{L}[t\exp(-\lambda t)] = -\frac{\partial}{\partial \lambda}\mathbf{L}[\exp(-\lambda t)] = \frac{1}{(s+\lambda)^2} \tag{A.5}$$

となる．

つぎに三角関数 $\sin(at)$ と $\cos(at)$ の LT は数学公式集(6章参考文献[2])などにより，それぞれ

$$\left.\begin{aligned}\mathbf{L}[\sin(at)] &= \int_0^\infty \exp(-st)\sin(at)\,dt = \frac{a}{s^2+a^2} \\ \mathbf{L}[\cos(at)] &= \int_0^\infty \exp(-st)\cos(at)\,dt = \frac{s}{s^2+a^2}\end{aligned}\right\} \tag{A.6}$$

と導かれる．

指数関数と三角関数の積の LT は (A.6) を参照することにより

$$\left.\begin{aligned}\mathbf{L}[\exp(-\lambda t)\sin(at)] &= \int_0^\infty \exp\{-(s+\lambda)t\}\sin(at)\,dt = \frac{a}{(s+\lambda)^2+a^2} \\ \mathbf{L}[\exp(-\lambda t)\cos(at)] &= \int_0^\infty \exp\{-(s+\lambda)t\}\cos(at)\,dt = \frac{s+\lambda}{(s+\lambda)^2+a^2}\end{aligned}\right\} \tag{A.7}$$

とすることができる．

(3) 微分を変換する

$f(t)$ の微分 $df(t)/dt$ の LT を考える．それは部分積分により

$$\begin{aligned}\mathbf{L}\left[\frac{df(t)}{dt}\right] &= \int_0^\infty \left\{\frac{df(t)}{dt}\right\}\exp(-st)\,dt \\ &= [f(t)\exp(-st)]_0^\infty + s\int_0^\infty f(t)\exp(-st)\,dt \\ &= sF(s) - f(0)\end{aligned} \tag{A.8}$$

となる．また2階微分については，(A.8) を用いて

$$\begin{aligned}\mathbf{L}\left[\frac{d^2f(t)}{dt^2}\right] &= \left[\frac{df(t)}{dt}\exp(-st)\right]_0^\infty + s\int_0^\infty \frac{df(t)}{dt}\exp(-st)\,dt \\ &= s^2F(s) - sf(0) - f'(0)\end{aligned} \tag{A.9}$$

と導ける．

(4) たたみ込み積分する

伝達関数 $h(t)$ を介して，入力 $f(t)$ と出力 $g(t)$ の間には，たたみ込みの関係

$$g(t) = \int_0^t h(t-\tau)f(\tau)\,d\tau = \int_0^t h(\tau)f(t-\tau)\,d\tau \tag{A.10}$$

がある．$g(t)$ の LT を $G(s)$ と記せば，それはつぎのように求められる．

$$G(s) = \int_0^\infty \exp(-st)\,dt \int_0^t h(t-\tau)f(\tau)\,d\tau$$

積分順序を入れ替えると

$$G(s) = \int_0^\infty f(\tau)\,d\tau \int_\tau^\infty h(t-\tau)\exp(-st)\,dt$$

となるので，ついで $t' = t - \tau$ とおくことにより

$$G(s) = \int_0^\infty f(\tau)\exp(-s\tau)\,d\tau \int_0^\infty h(t')\exp(-st')\,dt'$$
$$= H(s)F(s) \tag{A.11}$$

を得る．ここに，$H(s)$ は $h(t)$ の LT である．

重要なことは，たたみ込みの LT が 2 つの関数の LT の積になることである．すなわち

$$\mathbf{L}[g(t)] = \mathbf{L}[h(t)]\mathbf{L}[f(t)] \tag{A.12}$$

あるいは

$$g(t) = \mathbf{L}^{-1}[H(s)F(s)] \tag{A.13}$$

とすることができる．

(5) 微分方程式を解く

2 章に登場した微分方程式の解を与える．まず (2.13)

$$\frac{dg(t)}{dt} = -\lambda g(t) + \mu f(t) \tag{A.14}$$

の両辺の LT は (A.8) により

$$sG(s) - g(0) = -\lambda G(s) + \mu F(s)$$

とすることができる．すなわち整理して

$$G(s) = \frac{g(0)}{s+\lambda} + \frac{\mu F(s)}{s+\lambda} \tag{A.15}$$

となる．

(A.15) 右辺第 1 項の ILT は (A.4) により $g(0)\exp(-\lambda t)$ となることは容易に理解される．これに対して第 2 項は $f(t)$ と $h(t) = \exp(-\lambda t)$ のたたみ込みの LT に相当するから，(A.15) の ILT は

$$g(t) = g(0)\exp(-\lambda t) + \mu \int_0^t f(t-\tau)\exp(-\lambda\tau)\,d\tau \tag{A.16}$$

あるいは

$$g(t) = g(0)\exp(-\lambda t) + \mu \int_0^t f(\tau)\exp\{-\lambda(t-\tau)\}\,d\tau \tag{A.17}$$

となる．解(2.14)は上式で $g(0)=0$ とおいたものである．

つぎに2階微分方程式(2.25)

$$\frac{d^2g(t)}{dt^2} + 2h\nu\frac{dg(t)}{dt} + \nu^2 g(t) = -f(t) \tag{A.18}$$

の解を導く．(A.8)と(A.9)により両辺のLTは

$$s^2 G(s) - sg(0) - g'(0) + 2h\nu\{sG(s) - g(0)\} + \nu^2 G(s) = -F(s)$$

となる．とくに $g(0)=g'(0)=0$ のときには簡単となって

$$G(s) = -\frac{F(s)}{(s+h\nu)^2 + \nu'^2} \tag{A.19}$$

とすることができる．ここに，$\nu' = \nu(1-h^2)^{1/2}$ とおいている．

さて(2.28)のLTは，$p(t)$ のLTを $P(s)$ とおくことにより

$$G(s) = P(s)F(s) \tag{A.20}$$

である．したがって(A.19)により

$$P(s) = -\frac{1}{(s+h\nu)^2 + \nu'^2} \tag{A.21}$$

となる．これは(A.7)の第1式において $\lambda = h\nu$，$a = \nu'$ とおいたものに対応する．したがって(A.21)のILTは(2.29)

$$p(t) = -\frac{1}{\nu'}\exp(-h\nu t)\sin(\nu' t)$$

となることが証明される．

あとがき

　地球科学を学ぶ学生の多くが,「数式は嫌い」と言う.堂々と「数式はつまらない」し,「必要性を感じない」と宣言する.

　だいたい数式がつまらないものに感じるのは,何のためにそれを扱うのか,どうやって実際に扱うかがわからないからである.数式嫌いの学生が講義内容そのものに興味をなくさないように気を遣って,教育者があえて数式を使わずに講義をしようと苦心したり,逆にこれを理解すればわかるのだといわんばかりに理論式を並べる講義に学生がぶつかって,結局数式を使わずにできそうな研究を選ぶということになる場合もある.しかし,実際には「使わずにすむ」研究はほとんどなく,「避けて通る」だけである.

　萩原先生の講義では,いつも実例とともに,しかも取り扱いやすい表現になって数式が現れる.すべての数式が離散化され,データを入れればたちどころに解析が行えるという形式で現れるのである.お話を聞いていると,すぐにプログラミングをし,コンピュータで実行してみたくなる(講義の続きを聴くより,プログラムを書くことに熱中してしまう問題はあるのだが).

　現実のデータを扱っていると,必ず「端っこ」の問題や「データ欠損」,「ミスデータ」などの問題にぶつかる.数理解析初心者としてはそれだけで面倒になり,計算意欲をなくしてしまうのだが,本書ではこれらの問題の解決策もていねいに解説されているので,理想的な美しいデータセットでなくても恐れることなく数理解析に取り組める.

　本書で扱った計算のほとんどが,パソコンでちょっとしたプログラミングを行うだけで結果を求めることができるものである.プログラミング言語を知らなくても,表計算ソフトで計算することができるものもある.大型計算機やワークステーションを扱えなくては数理解析ができない時代ではないのだ.コンピュータを文房具の一つとして扱うことができる世代に,本書は数式のハードルを越えるきっかけになるものと期待している.

2001年5月

糸田千鶴

索　引

▶ ア　行

アダマール行列　128
アナログデータ　1
アンサンブル平均　60

位　相　75
位相スペクトル　76, 78, 81
移動平均　100
移流モデル　144

ウィンドウ　100
ウォルシュ関数　122, 128
ウォルシュ変換　122

N 周期性　78, 84, 90, 105

応　答　19

▶ カ　行

ガウス分布　38
角周波数　85, 92, 98, 125
確　率　52, 54
確率過程　52
確率密度　54, 60
確率密度関数　38, 92
カットオフ角周波数　106, 109
過渡現象　63

奇関数　86
期待値　54, 60
ギブスの現象　100
境界条件　8, 12, 112
共役複素数　77

偶関数　61, 65, 85, 88, 90, 103
グリッド　110, 112, 117, 120
グリッド間隔　110, 138

欠　測　1, 7, 10, 12, 15, 113, 115
減衰定数　24, 29, 42
減衰パラメータ　68

高域フィルター　98
高周波成分　83
高速フーリエ変換（FFT）　79
後退差分　3, 23

▶ サ　行

最小 2 乗法　20, 23, 27, 29, 32, 38, 63, 80, 84, 135, 144
サイドローブ　102
差　分　1
3 点公式　4, 12
サンプリング間隔　1, 110, 134

時間平均　59, 61, 91
しきい値　7
時系列データ　1, 6, 11, 78, 90, 97

虫がいる―― *104, 108*
自己相関関数 *59, 61, 63, 65, 68, 72, 90, 92*
指数モデル *24, 28*
システム関数 *24*
紙片法 *118*
周　期 *74*
周期関数 *76*
周波数 *76, 97*
周波数ウィンドウ *101, 103*
初期条件 *36, 47, 53*
初期状態 *42, 46, 48, 53*
振　幅 *74, 76*
振幅スペクトル *76, 78, 85*
シンプソンの公式 *16, 76*
シンプソンの1/3則 *17*
シンプソンの3/8則 *17*

数値積分 *1, 15, 25, 36, 75, 103, 133, 141*
数値積分公式 *17*
数値微分 *1, 3*
ステップ関数 *99*
スプライン関数 *11*
スペクトル *76, 89, 92, 102, 105*
スペクトルリーケイジ *102*

正規分布 *22, 38*
正規方程式 *21, 23, 27, 31*
正弦積分 *100*
積分定数 *8*
遷移行列 *43, 45*
遷移レート *45, 47, 130*
漸化式 *106*
線形システム *25*
線形性 *25*
先行現象 *32*
前進差分 *3*

相関解析 *66*
相関関数 *59, 62, 67, 89*
相関行列 *64, 70*

相互相関 *89*
相互相関関数 *59, 61, 63, 65, 67, 89, 91*

▶ タ 行

帯域フィルター *98, 109*
台形公式 *15, 25, 76, 142*
多項式 *11*
たたみ込み *25, 36, 84, 86, 94, 98, 101, 105, 126, 140, 149*
たたみ込み積分 *88*
多段解法 *36, 38*
ダミーデータ *4, 8, 113*
短時間相関関数 *69*
短波長成分 *6, 10, 15*

チェビシェフ多項式 *106*
チェビシェフフィルター *106*
地球化学サイクル *41*
中間差分 *3*
中心差分 *3, 5*
長波長成分 *6*
長方形ウィンドウ *101, 104, 121*
直交性 *75*

低域フィルター *97, 102, 108*
ディジタルウィンドウ *104*
ディジタル関数 *103*
ディジタルデータ *1*
ディジタルフィルター *103*
T 周期性 *74, 89*
定常状態 *42, 45*
ディリクレの問題 *128*
テーラー展開 *12, 17, 117*
デルタ関数 *87, 92, 98*
伝達関数 *24, 26, 28, 36, 63, 70, 84, 126, 140, 149*

等高線 *117*

索　　引

▶ ナ 行

2階数値微分　*4*
2次元データ補間　*117*
2次元反復法　*126*
2次元フィルター　*120*
2次元フーリエ係数　*125*
2次微分法　*6, 111*
入出力システム　*26, 36, 49, 52, 64*

熱伝導方程式　*130, 132, 140, 144*

▶ ハ 行

ハイカット　*106*
ハイカットフィルター　*97, 98, 106, 109, 121*
バイラプラス方程式　*112*
ハザードレート　*55, 57*
波　数　*75, 97*
ハニングウィンドウ　*101, 104*
ハフ変換　*119*
ハミングウィンドウ　*102, 104*
　一般化された――　*102, 103*
パワースペクトル　*76, 78, 81, 84, 85, 90, 92, 106*
反復法　*10, 14, 89, 106, 113, 115, 117*

微分演算子　*111*
標準偏差　*22, 38*

フィルター　*97, 100, 105, 121*
フォッカー-プランクの方程式　*130, 133, 136, 139*
フォッカー-プランクモデル　*130, 139*
複素数　*76, 78, 145*
複素積分　*145*
複素フーリエ係数　*77*
不等間隔データ　*1, 11, 13, 117*
フーリエ解析　*74, 76, 78, 79, 83, 85*

フーリエ核　*98*
フーリエ逆変換（IFT）　*85, 89, 94, 98, 107, 126, 140*
フーリエ級数　*74, 85, 89, 97, 99, 107, 126*
フーリエ級数展開　*125*
フーリエ係数　*75, 77, 81, 83, 90, 97, 108, 125, 127*
フーリエスペクトル　*76*
フーリエ正弦変換　*86*
フーリエ積分　*98, 139*
フーリエ積分変換　*74*
フーリエ変換（FT）　*74, 85, 88, 91, 98, 101, 107, 125, 139*
フーリエ余弦変換　*86*
ブリッグスの方法　*117, 122*
分　散　*38*
分布関数　*54*

平滑化　*22*
平均値　*59, 91*

ポアソン過程　*53, 55*
ポアソン分布　*92, 94*
補　外　*14*
補　間　*1, 8, 10, 15, 112*
ボックスモデル　*45, 49*
ポリア-エッゲンベルガー分布　*53*
ホワイトノイズ　*92*

▶ マ 行

前処理　*80*
マクローリン展開　*18*
マシンコンタリング　*117*

ミシングシンク　*50*

虫取り　*1, 7*

メインローブ　*102*

メッシュ　111, 120, 122

▶ ヤ 行

ユール過程　53, 55

予　測　19, 23, 28, 30, 52, 70, 142
4点公式　4

▶ ラ 行

ラグランジュの補間公式　13, 17
ラプラス演算子　111, 112
ラプラス逆変換（ILT）　145
ラプラスペア　145
ラプラス変換（LT）　24, 36, 145
ラプラス方程式　112, 127
ランダムノイズ　92

リサージュの図　94
離散フーリエ変換（DFT）　74, 78, 84, 86, 90, 103
離散フーリエ逆変換（IDFT）　78, 105
理想フィルター　99, 103
リップル　107
リニアメント　117, 119, 122

ルンゲ-クッタ法　36

レカーシブフィルター　105, 106

ローカット　106
ローカットフィルター　98, 108

▶ ワ 行

ワイブル解析　57

著者略歴

萩原 幸男 (はぎわら ゆきお)

- 1931年　東京都に生まれる
- 1958年　東京大学大学院数物系研究科修士課程修了
- 1979年　東京大学地震研究所教授
- 1989年　科学技術庁防災科学技術研究所所長
- 1992年　日本大学文理学部教授
- 現　在　日本大学客員教授・東京大学名誉教授
- 　　　　理学博士

糸田 千鶴 (いとた ちづ)

- 1964年　兵庫県に生まれる
- 1992年　神戸大学大学院自然科学研究科博士課程修了
- 現　在　大阪短期大学経営情報学科助教授
- 　　　　博士（理学）

地球システムのデータ解析

定価はカバーに表示

2001年6月10日　初版第1刷
2008年9月25日　　　第4刷

著　者	萩　原　幸　男	
	糸　田　千　鶴	
発行者	朝　倉　邦　造	
発行所	株式会社　朝　倉　書　店	

東京都新宿区新小川町6-29
郵便番号　162-8707
電　話　03(3260)0141
Ｆ Ａ Ｘ　03(3260)0180
http://www.asakura.co.jp

〈検印省略〉

© 2001　〈無断複写・転載を禁ず〉

中央印刷・渡辺製本

ISBN 978-4-254-16040-6　C 3044

Printed in Japan

好評の事典・辞典・ハンドブック

法則の辞典	山崎 昶 編著	A5判 504頁
統計データ科学事典	杉山高一ほか3氏 編	A5判 700頁
物理データ事典	日本物理学会 編	B5判 600頁
統計物理学ハンドブック	鈴木増雄ほか4氏 訳	A5判 608頁
炭素の事典	伊与田正彦ほか2氏 編	A5判 660頁
自然災害の事典	岡田義光 編	B5判 708頁
分子生物学大百科事典	太田次郎 監訳	B5判 1176頁
生物物理学ハンドブック	石渡信一ほか4氏 編	B5判 680頁
ガラスの百科事典	作花済夫ほか8氏 編	A5判 650頁
モータの事典	曽根悟ほか2氏 編	A5判 550頁
電子物性・材料の事典	森泉豊栄ほか4氏 編	A5判 696頁
電子材料ハンドブック	木村忠正ほか3氏 編	B5判 1012頁
機械加工ハンドブック	竹内芳美ほか6氏 編	A5判 536頁
計算力学ハンドブック	矢川元基ほか1氏 編	B5判 680頁
危険物ハザードデータブック	田村昌三 編	B5判 512頁
風工学ハンドブック	日本風工学会 編	B5判 432頁
水環境ハンドブック	日本水環境学会 編	B5判 760頁
地盤環境工学ハンドブック	嘉門雅史ほか2氏 編	B5判 600頁
建築生産ハンドブック	古阪秀三ほか7氏 編	B5判 728頁
咀嚼の事典	井出吉信 編	B5判 372頁
生体防御医学事典	鈴木和男 監修	B5判 376頁
機能性食品の事典	荒井綜一ほか4氏 編	B5判 500頁

価格・概要等は小社ホームページをご覧ください。